かんたん
IT基礎講座

ゼロからわかる
HTML
& CSS
超入門

HTML5 & CSS3 対応版

太木裕子 [著]

技術評論社

CD-ROMの使い方

● 本書の学習用ファイルについて

本書の学習用ファイルは、付属のCD-ROMからコピーする方法と、技術評論社のwebサイトからダウンロードする方法があります。あらかじめ学習用のファイルをデスクトップにコピーしておいてください。

● 付属CD-ROMの内容

本書に付属しているCD-ROMには、学習に必要なファイルが含まれています。CD-ROMに含まれている内容は以下のとおりです。

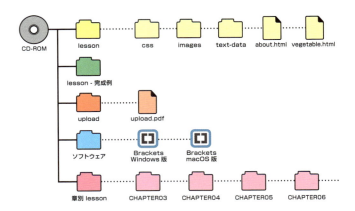

・lesson
　本書の学習のためのファイルが含まれたフォルダーです。P.3の手順を参考にして、あらかじめlessonフォルダーごとデスクトップにコピーしておいてください。

・lesson - 完成例
　本書の手順どおりに操作を行った場合の完成例です。

・upload
　完成したwebサイトをインターネットに公開するため方法を解説したPDFファイルが含まれたフォルダーです。

・ソフトウェア
　本書で使用しているBracketsが収録されています。

・章別lesson
　途中の章から学習をはじめる場合に使用するファイルが含まれたフォルダーです。

● 学習用ファイルのダウンロード

CD-ROMドライブがない場合など、付属のCD-ROMが利用できない場合は、技術評論社のwebサイトから学習用のファイルをダウンロードすることができます。webブラウザで以下のページにアクセスし、ファイルをダウンロードして利用してください。

http://gihyo.jp/book/2017/978-4-7741-9371-7/support

● 学習ファイルのコピー方法

・Windows 10の場合

1 付属のCD-ROMをドライブにセットします。タスクバーの[エクスプローラー]をクリックします❶。

2 [エクスプローラー]の[ナビゲーションウィンドウ]に表示される[CD-ROM]をクリックします❶。

3 CD-ROMの中身が表示されました。

4 [lesson]フォルダーをデスクトップにドラッグ＆ドロップして❶、フォルダーをコピーします。

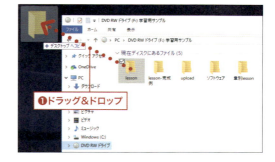

・Mac（macOS）の場合

1 付属のCD-ROMをドライブにセットすると、デスクトップにCD-ROMのアイコンが表示されるので、ダブルクリックします❶。

2 [lesson]フォルダーをデスクトップにドラッグ＆ドロップして❶、フォルダーをコピーします。

CONTENTS 目次

目次

▶CHAPTER 1
webページの制作   9

1-1 webページとHTML 10
- 1-1-1   webページとwebサイト 10
- 1-1-2   HTMLとは 10
- 1-1-3   HTMLを確認する 11

1-2 webサイトの制作 12
- 1-2-1   webサイト制作の流れ 12
- 1-2-2   webサイトの制作に必要なもの 14

1-3 制作の準備 16
- 1-3-1   Windows版Bracketsのインストール 16
- 1-3-2   macOS版Bracketsのインストール 19
- 1-3-3   Brackets拡張機能のインストール 21
- 1-3-4   Windows版Google Chromeのインストール 24
- 1-3-5   macOS版Google Chromeのインストール 26

練習問題 28

▶CHAPTER 2
HTMLの基礎知識   29

2-1 HTML文書の作成 30
- 2-1-1   HTML文書とは 30
- 2-1-2   Bracketsの起動 31
- 2-1-3   新規ファイルの作成と保存 33

2-2 ソースコードの入力 36
- 2-2-1   基本のソースコードの入力 36
- 2-2-2   文書情報の入力 40

2-3 基本の要素と記述のルール 42
- 2-3-1   基本要素の入力 42
- 2-3-2   要素（element）とタグ（tag） 44
- 2-3-3   要素記述時のルール 45
- 2-3-4   属性（Attributes）の追加 46

2-4 HTML文書の閲覧 48
- 2-4-1   表示の確認 48

練習問題 50

⫶ CHAPTER 3

よく使う要素の設定

51

3-1	**文字データの準備**	52
	3-1-1 　原稿の挿入	52
3-2	**見出し・リスト・段落要素の設定**	55
	3-2-1 　見出しをあらわすh1,h2,h3,h4,h5,h6要素の設定	55
	3-2-2 　リストをあらわすul要素、ol要素、項目をあらわすli要素の設定	57
	3-2-3 　段落をあらわすp要素の設定	59
3-3	**テキストに関連した要素の設定**	60
	3-3-1 　改行をあらわすbr要素の設定	60
	3-3-2 　空要素について	61
	3-3-3 　重要性をあらわすstrong要素、強調をあらわすem要素の設定	61
	3-3-4 　要素の親子関係	62
	3-3-5 　警告や著作権など細則をあらわすsmall要素の設定	63
	3-3-6 　コメントの入力	65
練習問題		66

⫶ CHAPTER 4

画像の表示とリンクの設定

67

4-1	**画像の表示**	68
	4-1-1 　使用できる画像の種類	68
	4-1-2 　画像をあらわすimg要素の設定	69
4-2	**リンクの設定**	74
	4-2-1 　リンクをあらわすa要素の設定	74
	4-2-2 　相対パスと絶対パス	76
	4-2-3 　ファイルのURLの記述方法	78
練習問題		82

⫶ CHAPTER 5

内容の組み立てと正しいコードの記述

83

5-1	**内容を組み立てるための要素**	84
	5-1-1 　内容を組み立てるための要素	84
	5-1-2 　内容を組み立てる要素の設定	87

CONTENTS　目次

5-2	**要素の区別**	90
5-2-1	要素を区別する方法	90
5-2-2	要素とカテゴリー	91
5-2-3	コンテンツ・モデルとは	93
練習問題		94

CHAPTER 6
HTMLファイルの複製と編集
95

6-1	**HTMLファイルの複製**	96
6-1-1	テンプレートの作成	96
6-2	**テンプレートを利用したファイルの作成**	98
6-2-1	新しいHTMLファイルの作成	98
6-2-2	HTML文書（［fruit.html］ファイル）の編集	101
6-2-3	内容を区別するための要素の設定	104
練習問題		106

CHAPTER 7
表の作成とビデオの表示
107

7-1	**表の作成**	108
7-1-1	表をあらわすtable要素の設定	108
7-1-2	HTML文書（［about.html］ファイル）の編集	109
7-2	**ビデオの表示**	112
7-2-1	ビデオを挿入するvideo要素の設定	112
7-2-2	動画共有サイトのビデオを利用するには（参考）	114
練習問題		116

CHAPTER 8
CSSの基礎知識
117

8-1	**CSSの基礎知識**	118
8-1-1	CSSとは	118
8-1-2	スタイルの記述場所	118
8-2	**スタイルの記述方法**	120
8-2-1	スタイルの基本書式	120

	8-2-2	セレクタの記述方法	122

8-3 CSS ファイルの作成とスタイルの記述　127

	8-3-1	CSS ファイルの作成	127
	8-3-2	スタイルの記述	129

8-4 CSS ファイルの関連付け　130

	8-4-1	ファイルの関連付けをあらわす link 要素	130
	8-4-2	link 要素による CSS ファイルの関連付け	131
	8-4-3	スタイルが反映されない時の対処方法	133

練習問題 　134

▷ CHAPTER 9
文字のスタイルの記述　135

9-1 フォントのスタイル　136

	9-1-1	フォントに関するプロパティ	136
	9-1-2	フォントに関するスタイルの設定	139

9-2 テキストのスタイル　141

	9-2-1	テキストに関するプロパティ	141
	9-2-2	テキストに関するスタイルの設定	143

9-3 テキストのカラーと透明度のスタイル　145

	9-3-1	カラーに関するプロパティ	145
	9-3-2	カラーの記述方法について	146
	9-3-3	テキストのカラーに関するスタイルの設定	149

練習問題 　150

▷ CHAPTER 10
背景やボーダーのスタイルの記述　151

10-1 背景とボーダーのスタイル　152

	10-1-1	ボーダーに関するプロパティ	152
	10-1-2	背景に関するプロパティ	156
	10-1-3	ボーダーと背景に関するスタイルの設定	160

10-2 ボックスのスタイル　162

	10-2-1	ボックスについて	162
	10-2-2	ボックスに関するプロパティ	163
	10-2-3	プロパティの簡略化	165
	10-2-4	ボックスに関するスタイルの設定	166

10-3	ほかのファイルの関連付け	170
	10-3-1　CSSファイルの関連付け	170
練習問題		172

▶CHAPTER 11
見栄えを整えるスタイルの記述　　173

11-1	テーブルのスタイル	174
	11-1-1　テーブルに関するプロパティ	174
	11-1-2　テーブルにスタイルを設定する	174
11-2	フレキシブルボックスレイアウトのスタイル	177
	11-2-1　フレキシブルボックスレイアウトとは	177
	11-2-2　フレキシブルボックスレイアウトに関するプロパティ	178
	11-2-3　フレキシブルボックスレイアウトに関するスタイルの設定	180
11-3	リストやナビゲーションのスタイル	183
	11-3-1　リストに関するプロパティ	183
	11-3-2　ナビゲーションに関するスタイル	183
	11-3-3　トランジションに関するプロパティ	184
	11-3-4　リストとナビゲーションに関するスタイルの設定	185
練習問題		189
索引		190

ご注意　ご購入・ご利用の前に必ずお読みください。

● 本書に記載された内容は、情報の提供のみを目的としています。本書を用いた運用、サンプルプログラムの利用は、必ずお客様自身の責任と判断によって行ってください。これらの情報の運用・サンプルプログラムの利用の結果について、技術評論社および著者はいかなる責任も負いません。

● 本書の情報は、2017年10月末日現在のものを記載していますので、ご利用時には変更されている場合があります。

● 本書の内容は、以下の環境で動作検証を行いました。上記以外の環境をお使いの場合、操作方法、画面図、プログラムの動作等が本書内の表記と異なる場合があります。あらかじめご了承ください。

・Windows 10
・macOS High Sierra
・Brackets 1.11
・Google Chrome

以上の注意事項をご承諾いただいた上で、本書をご利用ください。

※ 本文中に記載されている製品の名称は、関係各社の商標または登録商標です。

CHAPTER

1

webページの制作

webページを作ってみたいけど、初心者の方は何からはじめればよいかわからなかったり、専門用語がたくさん出てきてとっても難しく感じるかもしれません。ここではwebページを制作する上で知っておいたほうがよいwebの基礎知識と、制作に使用するソフトウェアのインストール方法について学びます。

1-1	webページとHTML	P.10
1-2	webサイトの制作	P.12
1-3	制作の準備	P.16

CHAPTER 1　webページの制作

1-1　webページとHTML

インターネット上にはwebページやwebサイトとよばれるものがたくさん公開されています。ここではwebページやwebサイト、HTMLという言葉がどのような意味で使われれているかを解説します。

1-1-1 ▷ webページとwebサイト

インターネットには商品を販売するページや、会社や学校などを紹介するページ、いろいろな人と交流できるソーシャル・ネットワーキング・サービス（SNS）や、動画や写真を共有するサービスなどの情報が公開されています。このように個人や企業が発信したい情報を1つのページにまとめ、**インターネット上で公開できる文書**にしたものを**webページ**とよびます。webページはwebブラウザで見るとスクロールする部分も含めた1つの画面で表示されます。

次に、**webサイト**とは複数のwebページがまとまったものです。一般的な表現としてwebページやwebサイトのことを単にホームページともよぶこともあります。

1-1-2 ▷ HTMLとは

HTMLとはHypertext Markup Languageの略でwebページを作成するための言語の1つです。webページを見ている時、下線の付いた文字や画像をクリックすると関連した別のwebページに移動したことがあると思います。このような機能を「**ハイパーリンク**（Hyperlink）」、または「**リンク**」といいます。「ハイパーテキスト（Hypertext）」とは「ハイパーリンク」が設定された文書のことです。このような**文書を作成する方法についてまとめたもの**がHTMLです。

HTMLにはHTML 4.01やXHTML 1.0など複数のバージョンがありますが、本書では**HTML 5.1**を利用してwebページの作成を行います。

HTMLの仕様は**W3C**（World Wide Web Consortium）というweb技術の標準化や推進を行う団体によってまとめられ広く一般に勧告されています。W3Cが勧告しているHTML 5.1の仕様書は以下のwebページで確認できます。

HTML 5.1 2nd Edition
URL https://www.w3.org/TR/html51/

1-1-3 ▶ HTMLを確認する

　webページがHTMLを使ってどのように記述されているかは、webブラウザで確認できます。Google Chrome（P.24参照）を使用している場合は、ブラウザウィンドウ上で右クリック（macOSは control キー＋クリック）し❶、表示されたメニューから［ページのソースを表示］をクリックします❷。HTMLで記述された文字列（ソースコード）が表示されます。

●図1-1　ソースコードの表示方法

　ソースコードを見てみると＜＞で囲まれた文字列がたくさんあります。これらは**タグ**といい**要素**とよばれるものの一部です。この要素がたくさん集まってHTMLを構成しています。
　HTMLではタグを使って文字列にどんな意味があるかを記述します。たとえばある文字列を記事の見出しにする場合、雑誌などでは文字のサイズを変えたり色を変えたりして本文より目立つように配置し、見出しとしての役割を与えています。HTMLでは見出しをあらわすタグを文字列に付け加えることで見出しとしての役割を与えます。
　このようにタグを使って意味を与えることを**マークアップ**（Markup）といいます。

```
1   <!DOCTYPE html>
2   <html lang="ja">
3   
4   <head>
5       <meta charset="utf-8">
6       <link href="css/style.css" rel="stylesheet">
7       <title>fruvege</title>
8   </head>
9   
10  <body>
11      <header>
12          <div class="header_box">
13              <h1><a href="index.html"><img src="images/logo_header.png" alt="fruvegeロゴ" width="240" height="55"></a></h1>
14              <nav>
15                  <ul>
16                      <li><a href="index.html">ホーム</a></li>
17                      <li><a href="fruit.html">フルーツ</a></li>
18                      <li><a href="vegetavke.html">ベジタブル</a></li>
19                      <li><a href="about.html">fruvegeとは</a></li>
20                  </ul>
21              </nav>
22          </div>
23      </header>
24      <main>
```

●図1-2　ソースコード

CHAPTER 1　webページの制作

1-2 webサイトの制作

webサイトを制作するには何からはじめればよいでしょうか？　ここではwebサイト制作のスタートからインターネットに公開するまでの過程について解説します。

1-2-1 webサイト制作の流れ

webサイトの制作過程は、その規模や性質により異なりますが、一般的には**企画**、**設計**、**制作**、**公開**、**運用**というような流れで制作します。

以下はそれぞれの段階で行われる作業の例です。本書では主にこの中の制作パートにあるHTMLとCSSの作成について解説しています。

● 図1-3　webサイト制作の流れ

❖ 企画：webサイトの目的・内容・構成を考える

- webサイト制作の**目的**や**ターゲット**などを設定する。
- webサイトの**コンセプト**を設定する。
- 掲載する内容（**コンテンツ**）を検討する。
- webサイト全体の構成（**サイトマップ**）を検討する。
- webサイト制作上のルールを決める。
- 制作スケジュールをたてる。
- 見積りなどの概算費用を出す。

● 図1-4　企画

❖ 設計・制作：コンセプトや目的に応じたwebサイトを制作する

- 目的・コンセプトに応じたデザインを考える。
- デザインの見本（カンプ）を制作する。
- 使いやすさ・見やすさを考慮しデザインを検証する。
- webサイトに掲載する素材などを集める。
- デザインカンプ・制作上のルールに応じたHTMLとCSSを作成する。
- 動きのあるページのシステムを作成する。
- webブラウザでの動作チェックを行う。

   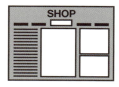 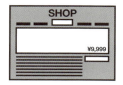

● 図1-5　設計・制作

❖ 公開・運用：完成したものをwebサーバーにアップし情報を更新する

- テストサーバーにて内容のチェックをする。
- **webサーバーへアップロード**する。
- webサイトを定期的に更新する。
- webサイトへの訪問状況などを分析する。
- webサイトの改善案を企画・制作していく。

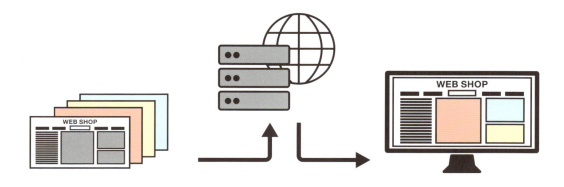

● 図1-6　サーバーへのアップロード

1-2-2　webサイトの制作に必要なもの

webサイトを制作するためには、どのようなものを用意すれば快適に作業が行えるか解説します。

❖ HTMLやCSSファイルを作成するソフトウェア

Windowsに付属のメモ帳やmacOSに付属のテキストエディットなどOSに付属のソフトウェアでもHTMLやCSSファイルは作成できますが、効率よく作成するにはHTMLやCSSの記述に便利な機能を備えた**テキストエディタ**を使うと便利です。代表的なものにはWindowsで使用できるTeraPad、macOSで使用できるmiなどがあります。また、いずれのOSでも使用できる**Brackets**やVisual Studio Codeといったソフトウェアがあります。いずれも無料で使用できるソフトウェアです。

本書では、Bracketsを利用して、HTMLファイルやCSSファイルを作成していきます。

●図1-7　Brackets

❖ 画像を作成・編集するソフトウェア

写真のサイズを変更したり、色を補正したりするには画像編集ソフトウェアを利用します。代表的なものには**Adobe Photoshop**などがあります。webページのデザイン見本であるカンプやwebページに掲載するボタンなどの画像作成は、Adobe Photoshopや**Adobe Illustrator**などを使うと便利です。

これらのソフトウェアは有料ですが、無料で利用できる画像編集ソフトウェアもありま

す。代表的なものにはパソコンにインストールして利用するGIMPや、オンラインで利用できるPixlr Editor、スマホやタブレットを使ってデザインカンプが作成できるAdobe Compなどもあります。

❖ サーバーにファイルをコピーするソフトウェア

　完成したwebサイトをインターネット上で公開するには、**ファイル転送ソフトウェア**などを使って必要なファイルをサーバーとよばれるコンピューターにコピーします。安全な方法でファイルをコピーするには**SFTP**や**FTPS**といった**プロトコル**を利用します。このプロトコルを使ってファイルを転送するソフトウェアを**SFTPクライアント**や**FTPSクライアント**などとよびます。

❖ webサーバー

　webサイトを公開するためのコンピューターを**webサーバー**とよびます。webサーバーはインターネットを経由して複数のユーザーからアクセスされるコンピューターで、webサイトで使用するファイルをwebサーバーにコピーすることでいつでもアクセスできます。webサーバーを利用するにはレンタルサーバー事業者やインターネットサービスプロバイダーが提供しているレンタルサーバーのサービスに申し込んで利用します。レンタルサーバーにはロリポップレンタルサーバーやさくらインターネット、FC2などがあります。

❖ webページの表示を確認するソフトウェア

　HTMLやCSSファイルなどwebサイトに必要なファイルがインターネット上でどのように表示されるか確認するには**webブラウザ**を利用します。

　代表的なwebブラウザにはMicrosoft EdgeやInternet Explorer（Windowsのみ）、Safari（macOSのみ）、Mozilla Firefox、Google Chrome、Operaなどがあります。

❖ webサイトの制作を支援するソフトウェア

　webサイトの制作にかかわる便利な機能を1つにまとめたソフトウェアを使うと効率よく作業が行えます。代表的なものには**Adobe Dreamweaver**や**ホームページ・ビルダー**などがあります。これらのソフトウェアにはHTMLやCSSファイルをwebブラウザでの表示に近い状態で視覚的に確認しながら編集できる機能や、webサイトに関連するファイルをwebサーバーにコピーするためのファイル転送機能などwebサイトの制作に便利なツールや機能が豊富に用意されています。

　webサイトの制作を支援するwebサービスもたくさんあります。これらはインターネットに接続されたwebブラウザ上でwebサイトが作れるサービスです。代表的なものにはJimdo（https://jp.jimdo.com）やWIX（https://ja.wix.com）などがあり、無料で利用できるプランからさまざまな機能が充実している有料のプランまで複数のプランが用意されています。

CHAPTER 1　webページの制作

1-3 制作の準備

本書では無料のソフトウェアを使ってHTMLファイルやCSSファイルを作成します。ここではWindowsとmacOSの両方で使用できるBracketsのインストール方法について解説します。macOSへのインストールはP.19で解説します。

1-3-1　Windows版Bracketsのインストール

本書と同様の操作を行うには、あらかじめBracketsをインストールしてください。ここではWindows版のインストール方法について解説します。なお最新版のBracketsは以下のwebサイトからダウンロードできます。本書執筆時点での最新版のBracketsは付属のCD-ROMのソフトウェアフォルダーの中にも収録されています。そちらを使ってインストールすることもできます。

Bracketsのダウンロードページ
URL http://brackets.io

1　webページを開く

Microsoft EdgeやInternet Explorerなどのwebブラウザを起動し、アドレスバーに「http://brackets.io」と入力して❶、ダウンロードページを表示します。

2　ダウンロードする

［Download Brackets 1.11］ボタンをクリックし❶、ダウンロードを開始します。

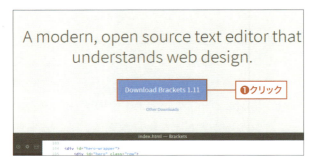

3 ダウンロードを実行する

ダウンロードの実行または保存を確認する通知バーが表示されるので、[実行]ボタンをクリックします❶。

4 インストール先を選択する

[Brackets Installer]が起動します。インストール先が指定できますが、今回はこのまま[Next]ボタンをクリックします❶。

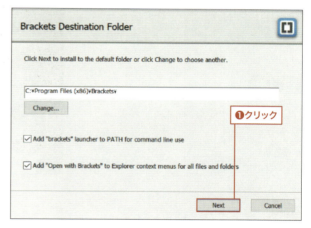

5 インストールを開始する

インストールを開始するために[Install]ボタンをクリックします❶。

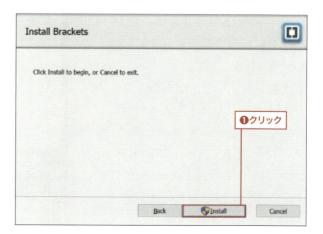

CHAPTER 1　webページの制作

6　インストールを終了する

コンピューターの変更を確認するダイアログボックスが表示されたら、[はい]ボタンをクリックして、インストールを開始します。インストールが成功したことを示すダイアログボックスが表示されます。[Finish]ボタンをクリックして❶、インストールを終了します。ダウンロードに使用したwebブラウザを閉じます。

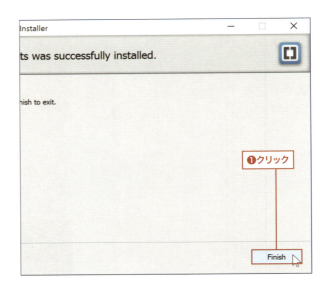

7　Bracketsを起動する

[スタート]ボタンをクリックします❶。インストール済みのアプリ一覧が表示されるので、[Brackets]をクリックします❷。

> **メモ**
> セキュリティの警告画面が表示されたら、[アクセスを許可する]ボタンをクリックしてください。

8　タスクバーにピン留めする

Bracketsが起動できました。Bracketsが簡単に起動できるようタスクバーに登録します。タスクバーのBracketsアイコンを右クリックし❶、表示されたメニューから[タスクバーにピン留めする]をクリックします❷。アイコンがタスクバーに固定され、いつでもここからBracketsが起動できます。

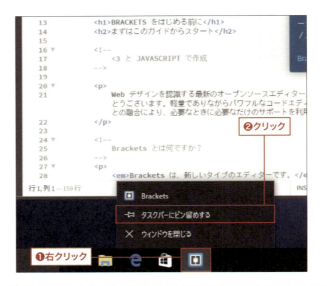

1-3-2 ▸ macOS版Bracketsのインストール

　本書と同様の操作を行うには、あらかじめBracketsをインストールしてください。ここでは**macOS版のインストール方法**について解説します。なお最新版のBracketsは以下のwebサイトからダウンロードできます。本書執筆時点での最新版のBracketsは付属のCD-ROMのソフトウェアフォルダーの中にも収録されています。そちらを使ってインストールすることもできます。

Bracketsのダウンロードページ
URL http://brackets.io

1 webページを開く

Safariなどのwebブラウザを起動し、スマート検索フィールドに「http://brackets.io」と入力して❶、ダウンロードページを表示します。

2 ファイルをダウンロードする

［Download Brackets 1.11］ボタンをクリックします❶。ファイルがダウンロードされます。

3 ダウンロードしたファイルを開く

Finderのサイドバーの［ダウンロード］をクリックして❶、［ダウンロード］フォルダを開きます。ダウンロードした［Brackets.Release.1.11（.dmg）］ファイルをダブルクリックします❷。

CHAPTER 1　webページの制作

4　アプリケーションフォルダにコピーする

[Brackets.Release.1.11]フォルダが開いてウインドウが表示されます。左側にある[Brackets]のアイコンを、右側にある[アプリケーション]フォルダにドラッグ&ドロップして❶、コピーします。

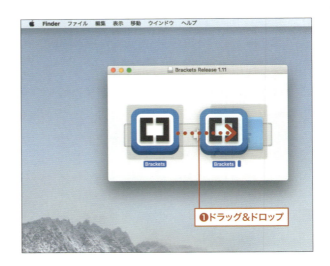

5　Bracketsを起動する

サイドバーの[アプリケーション]をクリックし❶、コピーされた[Brackets]をダブルクリックします❷。

メモ

Bracketsの起動時にインターネットからダウンロードされたアプリの起動許可を確認するダイアログボックスが表示されたら、[開く]ボタンをクリックしてください。

6　Dockに追加する

Bracketsが起動できました。Bracketsが簡単に起動できるようDockに登録します。DockのBracketsアイコンを長押しし❶、表示されたメニューの[オプション]→[Dockに追加]をクリックします❷。アイコンがDockに固定され、いつでもここからBracketsが起動できます。

20

1-3-3 ▶ Brackets拡張機能のインストール

　Bracketsにはさまざまな**拡張機能**が用意されており、必要に応じて追加できます。ここではソースコードの入力時に便利な3つの拡張機能をインストールします。

　拡張機能についてはWindows、macOSに関わらず同じ操作方法でインストールができます。どちらの環境をお使いの場合も以下の手順を見ながら操作を行ってください。

　なお、本書に記載の機能拡張がインストールできない場合は、P.23のコラムのURLから.zipファイルをダウンロードし、［機能拡張マネージャー］の左下にある［.zipをここにドラッグするか、URLからインストール］にドラッグしてください。

1 拡張機能マネージャーを開く

ウィンドウ右上にある［拡張機能マネージャー］アイコンをクリックします❶。

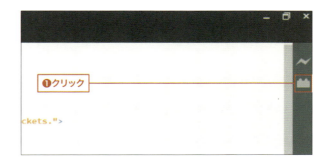

2 拡張機能を検索する

［拡張機能マネージャー］が表示されます。［入手可能］タブをクリックします❶。インストール可能な拡張機能の一覧が表示されます。［検索ウィンドウ］に「全角」と入力し❷、拡張機能を絞り込みます。

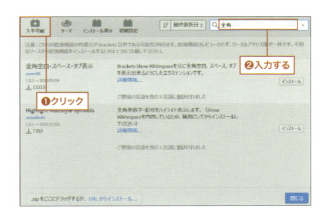

3 インストールする

［全角空白・スペース・タブ表示］が表示されるので、右側にある［インストール］ボタンをクリックします❶。インストールの終了を告げるダイアログボックスが表示されたら、［閉じる］ボタンをクリックします。

4 拡張機能を検索する

再度［検索ウィンドウ］に半角欧文で「close tags」と入力します❶。「close」と「tags」の間には半角スペースを挿入します。

5 インストールする

［Disable Autoclose Tags］が表示されるので、右側にある［インストール］ボタンをクリックします❶。インストールの終了を告げるダイアログボックスが表示されたら［閉じる］ボタンをクリックします。

6 拡張機能を検索する

再度［検索ウィンドウ］に半角欧文で「beautify」と入力します❶。

7 インストールする

［Beautify］が表示されるので、右側にある［インストール］ボタンをクリックします❶。インストールの終了を告げるダイアログボックスが表示されたら［閉じる］ボタンをクリックします。

8 拡張機能を確認する

［インストール済み］タブをクリックします❶。現在インストールしている拡張機能の一覧が表示されます。ここでは拡張機能を削除したり、機能を一時的に無効にしたりすることができます。3つの拡張機能がインストールされていることが確認できたら［閉じる］ボタンをクリックします❷。

9 Bracketsを終了する

これでBracketsの準備は完了したので、いったんBracketsを終了します。［ファイル］メニュー→［終了］の順にクリックします❶。

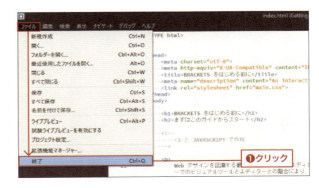

コラム ☕

ここで追加した拡張機能について

◆ 全角空白・スペース・タブ表示

　ソースコードの入力時に、全角や半角の空白、タブなど通常表示されない制御文字を表示する拡張機能です。ソースコードの入力ミスを防ぐのに役立ちます。
https://github.com/in3etween/brackets-show-whitespace-Japanese

◆ Disable Autoclose Tags

　終了タグの入力方法を変更する拡張機能です。Bracketsでは開始タグの入力が終わると、自動的に終了タグが入力されるようになっていますが、この拡張機能を使うと</ と入力することで終了タグが入力されるように変更できます。入力済みの文字にタグを追加するにはこの方法が便利です。
https://github.com/talmand/Brackets-Disable-AutoClose-Tags

◆ Beautify

　入力したソースコードの見た目を整えてくれる拡張機能です。インデントや改行、タグの位置などを自動的に調整して、整えてくれるので、ソースコードが見やすくなります。
https://github.com/brackets-beautify/brackets-beautify

1-3-4 ▸ Windows版Google Chromeのインストール

Bracketsには**ライブプレビュー**というHTMLやCSSファイルの変更を**リアルタイム**にwebブラウザで表示する機能があります。このライブプレビューは**Google Chrome**との組み合わせで使用することが標準となっているため、ここではWindows版のGoogle Chromeのインストール方法について解説します（macOSはP.26参照）。

1 webページを開く

Microsoft EdgeやInternet Explorerなどのwebブラウザを起動し、アドレスバーに「https://www.google.co.jp/chrome/browser/desktop/index.html」と入力し❶、ダウンロードページを表示します。

2 ダウンロードする

［Chromeをダウンロード］ボタンをクリックして❶、ダウンロードを開始します。

3 同意する

Google Chromeの利用規約が表示されます。内容を確認し、［同意してインストール］ボタンをクリックします❶。

4 ダウンロードを実行する

ダウンロードの実行または保存を確認する通知バーが表示されるので、[実行]ボタンをクリックします❶。

5 Google Chromeが起動する

コンピューターの変更を確認するダイアログボックスが表示されたら、[はい]ボタンをクリックして、インストールを開始します。インストールが完了したら、Google Chromeが自動的に起動します。

6 タスクバーにピン留めする

Google Chromeが簡単に起動できるよう設定を変更します。タスクバーのGoogle Chromeアイコンを右クリックし❶、表示されたメニューから[タスクバーにピン留めする]をクリックします❷。アイコンがタスクバーに固定され、いつでもここからGoogle Chromeが起動できます。

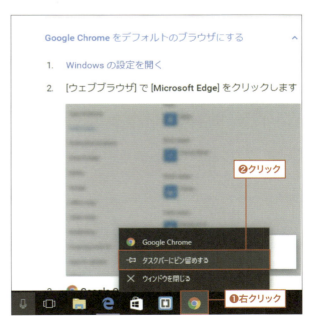

1-3-5 ▶ macOS版 Google Chrome のインストール

　Bracketsにはライブプレビューという HTML や CSS ファイルの変更をリアルタイムに web ブラウザで表示する機能があります。このライブプレビューは Google Chrome との組み合わせで使用することが標準となっているため、ここでは macOS 版の Google Chrome のインストール方法について解説します。

1 webページを開く

Safariなどのwebブラウザを起動し、スマート検索フィールドに「https://www.google.co.jp/chrome/browser/desktop/index.html」と入力し❶、ダウンロードページを表示します。

2 ダウンロードする

［Chromeをダウンロード］ボタンをクリックし❶、ダウンロードを開始します。

3 同意する

Google Chromeの利用規約が表示されます。内容を確認し、［同意してインストール］ボタンをクリックします❶。

4 ダウンロードしたファイルを開く

サイドバーの［ダウンロード］をクリックし❶、ダウンロードした［googlechrome（.dmg）］をダブルクリックします❷。

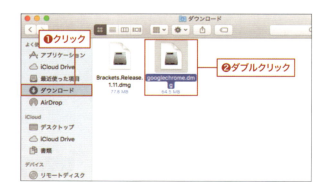

5 アプリケーションフォルダにコピーする

[Google Chrome]フォルダが開いてウインドウが表示されます。上部にある[Google Chrome]のアイコンを、下側にある[アプリケーション]フォルダにドラッグ&ドロップして❶、コピーします。

6 Google Chromeを起動する

サイドバーの[アプリケーション]をクリックし❶、コピーされた[Google Chrome]をダブルクリックします❷。

> **メモ**
> Google Chromeの起動時にインターネットからダウンロードされたアプリの起動許可を確認するダイアログボックスが表示されたら、[開く]ボタンをクリックしてください。

7 Dockに追加する

Google Chromeが簡単に起動できるようDockに登録します。DockのGoogle Chromeアイコンを長押しし❶、表示されたメニューの[オプション]→[Dockに追加]をクリックします❷。アイコンがDockに固定され、いつでもここからGoogle Chromeが起動できます。

CHAPTER 1 webページの制作

練 習 問 題

問題1. 個人や企業が発信したい情報を1つのページにまとめ、インターネット上で公開できる文書にしたものを何というか答えてください。

問題2. webページを作成する言語にはどのようなものがあるか答えてください。

問題3. HTMLやCSSファイルを作成するにはどのようなソフトウェアがあると便利か答えてください。

問題4. webページを表示するwebブラウザにはどのようなものがあるか答えてください。

解答は **付録P.1**

CHAPTER

2

HTMLの基礎知識

ここではCHAPTER1でインストールしたソフトウェアを使いながらweb
ページの制作に必要なHTML文書を作成します。実際の操作を行いながら、
文書作成時の注意点やHTMLのソースコードの記述方法、文書の保存方
法、ブラウザでの閲覧方法などを学びます。

2-1	HTML文書の作成	P.30
2-2	ソースコードの入力	P.36
2-3	基本の要素と記述のルール	P.42
2-4	HTML文書の閲覧	P.48

CHAPTER 2　HTMLの基礎知識

2-1 HTML文書の作成

ここではHTML文書を作成する方法について学びます。まずはBracketsを利用して新規ファイルを作成する方法を学びましょう。

2-1-1　HTML文書とは

HTML文書とは、HTMLの仕様に合わせて、<html>や<head>などのタグを記述したソースコードのことです。このHTML文書がwebページのもととなります。

本書ではHTMLソースコードの入力に便利な機能が搭載されているBracketsを使用してHTML文書を作成します。なおソースコードが記述されたHTML文書をパソコンに保存したものをHTMLファイルとよびます。

❖ 基本のソースコード

以下の図はHTML文書の基本となるソースコードを図であらわしたものです。

HTML文書は**DOCTYPE宣言**と**html要素**で構成されています。html要素は、HTML文書のおおもととなる要素で、その中に複数の要素を含みます。html要素内に含む最初の要素が**head要素**で、次の要素が**body要素**です。1つの要素はそこに含む複数の子要素を持つことができ、子要素もまた複数の孫要素を持つことができます。このようにHTML文書は要素が枝葉のように分かれていくツリー構造で構成されています。

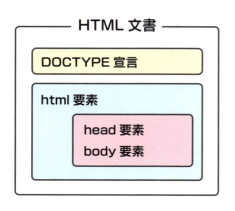 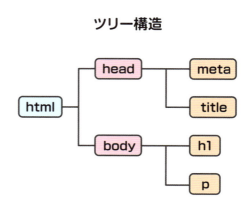

●図2-1　HTML文書とツリー構造

❖ 要素とタグについて

1つの要素は<title>のような開始タグ、</title>のような終了タグ、それらに挟まれる内容（webページのタイトル）で構成されています。タグを付けることで、その内容にどのような意味があるかを示します。要素とタグについての詳細はP.44で解説します。

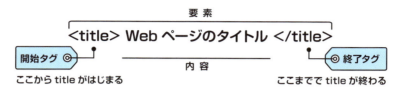

● 図2-2　要素

2-1-2 ❯ Bracketsの起動

ここではBracketsを起動する方法と、Bracketの編集機能が使えるように本書で使用する教材フォルダーを設定する方法について学びます。

 ここからは[Brackets]と[Google Chrome]、本書のCD-ROMに付属の教材を使って操作を行います。インストール方法についてはP.16〜27を、教材のコピー方法についてはP.2〜3を参照してください。

1　Bracketsを起動する

タスクバー（macOSの場合はDock）に登録した[Brackets]アイコンをクリックします❶。

2　Bracketsが起動した

[Brackets]が起動しました。はじめて起動した時はBracketsについての説明ファイル（[index.html]ファイル）が表示されます。ウィンドウの左側には[サイドバー]が表示され、作業中のファイル名や編集に使用しているフォルダーなどが表示されます。

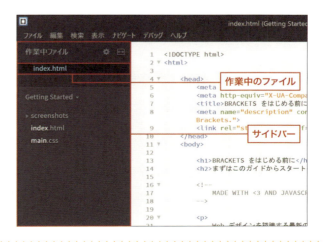

3 フォルダーを開く

Bracketsに用意された機能を使用するにはwebページに関連するファイルをまとめたフォルダーをあらかじめ開いてから編集作業を行います。このフォルダーをプロジェクトとよびます。ここではプロジェクトとして使用するフォルダーを設定します。サイドバーのポップアップメニュー［Getting Started］をクリックし❶、次に［フォルダーを開く］をクリックします❷。

4 フォルダーを指定する

［フォルダーを選択］が表示されたら［デスクトップ］をクリックし❶、次に［lesson］をクリックします❷。指定ができたら［フォルダーの選択］（macOSの場合は［開く］）ボタンをクリックします❸。

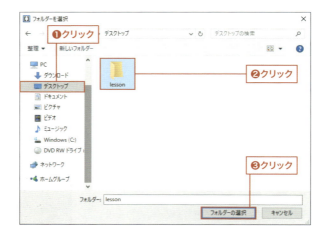

メモ

これからはじめるプロジェクトでファイルがまだ何も作成されていない時は空のフォルダーをプロジェクトとして設定するとよいでしょう。

5 ファイルが表示される

プロジェクトとしてフォルダーが設定できたので、その中にあるファイルやフォルダーがサイドバーに一覧表示されます。プロジェクト内のファイルはダブルクリックで開くことができます。

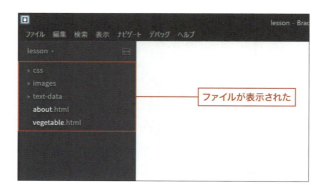

2-1-3 新規ファイルの作成と保存

　ここからはBracketsを使ってHTMLソースコードを入力する新規ファイルの作成方法と、ファイルを保存する方法について学びます。

　HTMLファイルや挿入する画像ファイルは、ほかのファイルから参照されることがあります。このためファイル名の付け方には注意が必要です。ファイル名には日本語を使わず半角英数字で名前を設定します。

　webサーバーによっては半角英字の大文字と小文字を区別します。以下の3つのファイルはすべて異なるファイルとして扱われます。本書ではファイル名はすべて半角英数字の小文字に統一しています。

● 図2-3　ファイル名の大文字と小文字

　ファイル名に日本語（全角文字や半角カタカナ）や半角スペースの使用はおすすめしません。ファイルを正しく認識させるためにも拡張子に間違いがないか気を付けてください。

● 図2-4　ファイル名に使える文字

　「-」（ハイフン）や「_」（アンダースコア）などは、ファイル名の一部として利用できますが、「/」（スラッシュ）、「\」（バックスラッシュ）、「*」（アスタリスク）、「¥」（円マーク）などは、ファイル名の一部としては、利用できないので注意が必要です。

● 図2-5　使える記号と使えない記号

CHAPTER 2　HTMLの基礎知識

1　新規ファイルを作成する

HTMLソースコードを入力するファイルを作成します。[ファイル]メニュー→[新規作成]の順にクリックします❶。

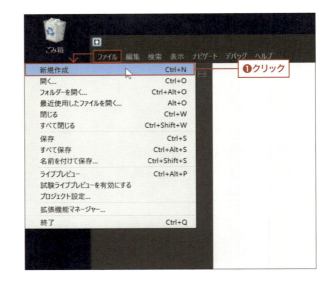

2　ファイルを保存する

新しいファイルが表示されます。Bracketsの機能を使用するために、このファイルをHTMLファイルとしてあらかじめ保存します。[ファイル]メニュー→[保存]の順にクリックします❶。

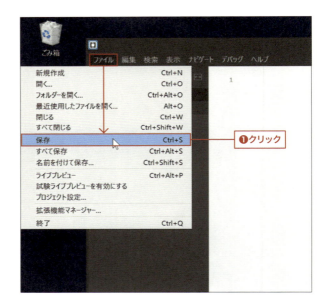

3　名前を付けて保存する

[名前を付けて保存]が表示されます。[ファイル名](macOSの場合は[名前])に「index.html」と入力し❶、[保存]ボタンをクリックします❷。[lesson]フォルダーをプロジェクトとして設定したので作成したファイルは[lesson]フォルダー内に保存されます。

4 保存が完了した

ファイルの保存が完了すると、サイドバーの作業中ファイルに [index.html] と表示されます。これで新規ファイルが作成でき、HTMLソースコードの入力準備が整いました。

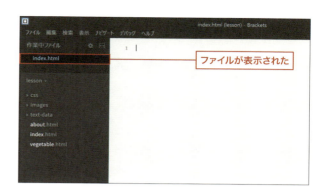

ファイルが表示された

コラム ☕

拡張子の表示方法について

ファイルの形式を確認するためにも、ファイル名拡張子は表示した状態で編集作業を行いましょう。拡張子は以下の方法で表示できます。

◆Windowsの場合

Windows 10でファイルの拡張子を表示するには、エクスプローラーの［表示］タブをクリックし❶、［表示／非表示］欄にある［ファイル名拡張子］をクリックしてチェックを付けます❷。

◆macOSの場合

macOSでファイルの拡張子を表示するには、［Finder］メニュー→［環境設定］の順にクリックします。表示されたウィンドウの上部にある［詳細］をクリックし❶、［すべてのファイル名拡張子を表示］をクリックしてチェックを付けます❷。

CHAPTER 2　HTMLの基礎知識

2-2 ソースコードの入力

　ここでは基本のソースコードを入力しながらHTML文書がどのようなものなのか学びます。

2-2-1 ▷ 基本のソースコードの入力

　ここからはwebページの基本となるHTMLソースコードを入力します。要素についての詳細はまだ学んでいませんが、まずはソースコードの入力からはじめましょう。**入力は基本的に半角英数入力で行います**。以下のソースコードは、これから入力していく基本のソースコードです。なお、␣は半角スペースをあらわします。

記述例

```
<!DOCTYPE␣html>
<html␣lang="ja">
    <head>
        <meta␣charset="utf-8">
        <title>fruvege</title>
    </head>
    <body>

    </body>
</html>
```

1 DOCTYPE宣言を入力する

作成したファイルの先頭にDOCTYPE宣言を入力します。はじめに < を入力します。コードヒントという入力を補助する機能が表示されますが、そのまま続けて **!DOCTYPE␣html>** と入力します❶。DOCTYPEとhtmlの間には半角スペースを入力します。入力が終わったら Enter キーを押して改行します❷。

```
<!DOCTYPE␣html>
```

※ ␣ の記述がある部分は半角スペースを入力してください。1章でBracketsの拡張機能［全角空白・スペース・タブ表示］をインストールしたので、実際の画面では半角スペースがある場所は・が表示されます。

36

2 html要素を入力する①

次にHTML文書で最初に入力するhtml要素をDOCTYPE宣言の次の行に入力します。ここではコードヒントという入力の補助機能を使いながら入力します。はじめに<と入力します❶。入力候補の一覧が表示されます。

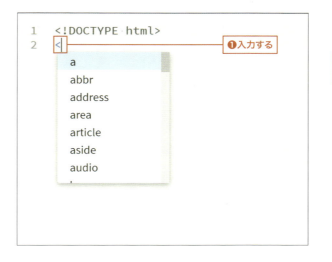

3 html要素を入力する②

次に要素名を1文字ずつh、tの順に入力します❶。入力候補が絞られhtmlが表示・選択されるのでEnterキーを押して確定します❷。

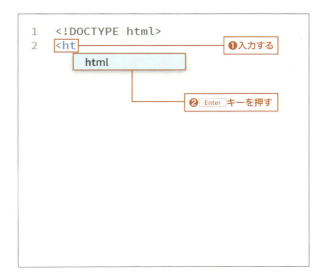

4 html要素を入力する③

スペースキーを押して半角スペースを入力します❶。再びコードヒントが表示されるので、次に入力するlangの一部であるlaと入力します❷。入力候補が表示されlangが選択されているのでEnterキーを押して確定します❸。

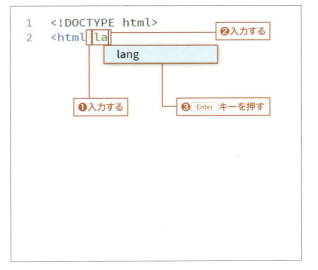

CHAPTER 2　HTMLの基礎知識

5　html要素を入力する④

自動的に=""が入力されます。""の
間にカーソルがあるので ja と入力
します❶。入力候補にjaが表示さ
れるので Enter キーを押します❷。

📖 メモ

jaの前後にある「"」（ダブルクォー
テーション）は自動的に入力されま
すが、編集操作で手動で入力する場
合は半角英数の入力モードで Shift
キーを押したまま 2 キーを押しま
す。

```
1    <!DOCTYPE html>
2    <html lang="ja"          ❶入力する
                 ja
                          ❷ Enter キーを押す
```

6　html要素を入力する⑤

カーソルが ja" の右側に移動してい
ることを確認し、> を入力します❶。
Enter キーを2回押して改行します
❷。

```
1    <!DOCTYPE html>
2    <html lang="ja">          ❶入力する
3    . . . .
4    . . . .
                          ❷ Enter キーを2回押す
```

```
<!DOCTYPE html>
<html␣lang="ja">
```

7　html要素を入力する⑥

</ と入力しします❶。自動的に</
html> と入力されます。これで終了
タグが入力できました。

```
1    <!DOCTYPE html>
2 ▼  <html lang="ja">
3    . . . .
4    </html>|
                          ❶入力する
```

```
<!DOCTYPE html>
<html lang="ja">

</html>
```

8 カーソルを移動する

`<html lang="ja">` と `</html>` の間の行をクリックします❶。これから入力する要素はhtml要素の子要素として入力するため、開始タグと終了タグの間に入力します。

```
1    <!DOCTYPE html>
2  ▼ <html lang="ja">
3        |                      ❶クリック
4    </html>
```

9 head要素を入力する

先ほど解説したコードヒントを使用して `<head>` と入力します❶。入力が終わったら Enter キーを2回押します❷。次に `</` と入力します❸。自動的に `</head>` と入力されます。

```
1    <!DOCTYPE html>
2  ▼ <html lang="ja">
3  ▼     <head>              ❶入力する
4
5        </head>|            ❷ Enter キーを2回押す
6    </html>
                             ❸入力する
```

```
<html lang="ja">
    <head>

    </head>
</html>
```

10 body要素を入力する

`</head>` の後ろにカーソルがあることを確認し、 Enter キーを押して改行します❶。次に `<body>` と入力します❷。入力が終わったら Enter キーを2回押します❸。次に `</` と入力します❹。自動的に `</body>` と入力されます。

```
1    <!DOCTYPE html>
2  ▼ <html lang="ja">
3  ▼     <head>
4                             ❶ Enter キーを押す
5        </head>
6  ▼     <body>              ❷入力する
7
8        </body>             ❸ Enter キーを2回押す
9    </html>
                             ❹入力する
```

```
    </head>
    <body>

    </body>
</html>
```

CHAPTER 2　HTMLの基礎知識

コラム ☕

コードヒントについて

　Bracketsにはコードヒントというソースコードの入力を助ける便利な機能が搭載されています。HTMLファイルの場合は、＜や要素の一部を入力すると、その文字を使った入力候補の一覧が表示されます。複数の候補がある場合は ↑ ↓ → ← キーなどで候補を選択し、Enter キーを押すと入力が完了します。わずかな入力だけで要素名などがすべて入力できる上に、つづりを間違えずに入力できる便利で安心な機能です。コードヒント入力の手順は以下のとおりです。

①＜と要素名の一部を入力します。
②一覧の中から該当するものを選択し、Enter キーを押します。必要に応じてこの後属性などを入力します。候補の選択はキーボードの上下の ↑ ↓ → ← キーでも行えます。
③＞を入力します。これで開始タグの入力が終わります。
④＜/を入力します。これで終了タグが自動的に入力されます（Disable Autoclose Tags拡張機能がインストールされている場合に限る）。

　非表示になったコードヒントは Ctrl キー（macOSは ⌘ キー）を押したまま スペース キーを押すと再度表示されます。

2-2-2 ▶ 文書情報の入力

　ここからはhead要素内に要素を追加します。ここではHTML文書で使用する文字コードと、webページのタイトルの2つの情報を入力します。

1　meta要素を入力する

<head>の次の行をクリックします❶。コードヒントを使って**<meta␣charset="utf-8">**と入力します❷。**metaとcharsetの間には半角スペースを入力**します。最後の＞を入力したら Enter キーを押して改行します❸。

> 📝 **メモ**
> <meta>要素は空要素という要素で、それ1つで使用します。</の付いた終了タグは入力しません。空要素についてはP.61で解説します。

```
<head>
    <meta␣charset="utf-8">

</head>
```

2 title要素を入力する

コードヒントを使用して`<title>`と入力します❶。入力が終わったら次に`</`と入力します❷。自動的に`</title>`と入力されます。

```
<head>
    <meta charset="utf-8">
    <title></title>
</head>
```

3 タイトルを入力する

これから作成するwebページのタイトルを入力します。`<title>`と`</title>`の間でクリックし❶、**fruvege**と入力します❷。これでHTML文書の基本部分が完成しました。

```
<title>fruvege</title>
```

4 ファイルを保存する

これで基本となるソースコードの入力が終わりましたので、ファイルを保存します。［ファイル］メニュー→［保存］の順にクリックします❶。入力内容にミスがないかチェックしてください。

```
<!DOCTYPE html>
<html lang="ja">
    <head>
        <meta charset="utf-8">
        <title>fruvege</title>
    </head>
    <body>

    </body>
</html>
```

📝 メモ

P.21で［全角空白・スペース・タブ表示］拡張機能をインストールしたので、インデントが設定された行の先頭には半角スペースをあらわす・が表示されています。
ウィンドウ下部にあるステータスバーの右端でインデントの設定が行えます。ここでは字下げに使用する文字の種類（タブまたはスペース）とサイズが決められます。初期設定では半角スペース4つをインデントとして使用しています。

CHAPTER 2　HTMLの基礎知識

2-3 基本の要素と記述のルール

ここではHTML文書の基本となる要素と、要素を記述する時に気を付けたいルールについて解説します。

2-3-1 ▸ 基本要素の入力

ここでは入力済みの基本要素のそれぞれがどのような役割を持っているかについて解説します。

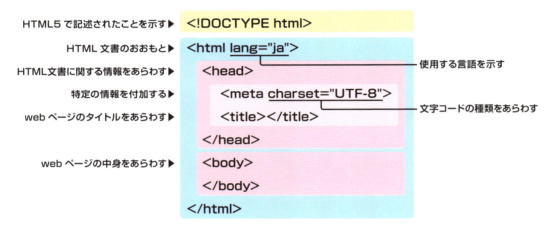

● 図2-6　基本の要素

❖ DOCTYPE宣言

HTML文書では冒頭にDOCTYPE宣言（文書型宣言）を記述し、HTML5で作成された文書であることを示します。

DOCTYPE宣言がないHTML文書をwebブラウザで表示した場合、意図した内容とは異なる状態で表示されることがあるため注意が必要です。DOCTYPE宣言の記述は大文字でも小文字でもかまいませんが、本書では一部を大文字で記述した<!DOCTYPE html>を使用しています。

 記述例

```
<!DOCTYPE␣html>
```

❖ html要素

DOCTYPE宣言の次に記述するのが、html要素です。html要素は、HTML文書のおおもととなる要素で、すべての要素はこのhtml要素内に記述します。またlang属性を使ってこのHTML文書で使用する言語を指定することができます。ここでは日本語を使用するのでjaという値を入力しています。

記述例

```
<html␣lang="ja">

</html>
```

❖ head要素

webページのタイトルや、使用する文字コードの種類、スタイルを記述したCSSファイル（P.119参照）へのリンクなど、HTML文書に関する情報（メタデータ）を記述するための要素がhead要素です。head要素はhtml要素内で1番目に記述します。

記述例

```
<head>

</head>
```

❖ body要素

webページに掲載する内容（コンテンツ）を記述するための要素がbody要素です。body要素はhtml要素内で2番目に記述する要素です。

記述例

```
<body>

</body>
```

❖ meta要素

HTML文書に関する情報のうち、title要素、link要素、style要素など特定の要素では表現できないさまざまな種類の情報を記述するための要素がmeta要素です。HTML文書で使用する文字コードや、HTML文書に関するキーワードや概要などがこれに該当します。

meta要素はhead要素内に記述しますが、文字コードの記述は文字化けを防ぐためにも後述のtitle要素よりも先に記述します。なお、meta要素は空要素（P.61参照）のため終了タグが必要ありません。

記述例

```
<meta charset="utf-8">                                    charset属性を使って文字コードを指定

<meta name="keywords" content="fruvege,フルーツ">
              name属性の属性値をkeywordsとし、ページのキーワードを指定
<meta name="description" content="フルーツとベジタブルのショップです">
              name属性の属性値をdescriptionとし、ページの概要を指定
```

❖ title要素

HTML文書のタイトルを記述するための要素がtitle要素です。title要素はhead要素内に必ず1つ記述します。title要素に記述したタイトルは、webブラウザのタブに表示されるほか、webページの検索結果などにも利用されます。

 記述例

```
<title>ページのタイトル</title>
```

2-3-2 ▶ 要素(element)とタグ(tag)

要素とは文章などの内容物にどのような意味があるかを定義したものです。前述したように、HTMLにはタイトルを記述する要素や文書の内容を記述する要素などさまざまなものが用意されているので、内容にあった要素を使って**意味付け**をします。意味付けをするにはタグとよばれる目印を内容物に付加します。

タグには意味付けがはじまる位置を示す**開始タグ**と、終わり位置を示す**終了タグ**があります。**内容**を開始タグと終了タグで挟んで記述すると意味付けができます。

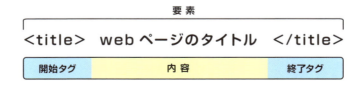

● 図2-7　タグ

開始タグとは要素名を半角山括弧で囲んだもの(<要素名>)で、終了タグとはスラッシュ(/)と要素名を半角山括弧で囲んだもの(</要素名>)です。

このように内容物を開始タグと終了タグで挟み、意味付けをしたものを要素といいます。

一部の要素には、内容を持たない空要素とよばれるものがあります。空要素に関してはP.61で詳しく解説します。

なお、タグの中には省略した記述ができるものもありますが、本書ではしっかりと基本が学べるように省略しない記述方法を掲載しています。

2-3-3 要素記述時のルール

HTML文書の基本となる内容を見ながらソースコードを記述するためのルールについて学びます。

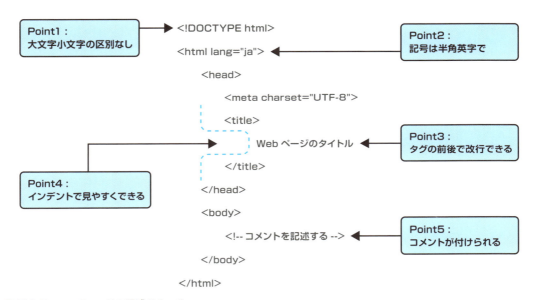

● 図2-8　ソースコードの記述のルール

要素を記述するにはいくつかのルールがあります。

◆Point1　大文字小文字の区別なし

要素名を記述する場合、HTMLでは半角の英字であれば大文字<TITLE>・小文字<title>のどちらでも記述できます。本書では要素名を**半角英字の小文字**で統一してHTML文書を記述します。

◆Point2　記号は半角英字で

要素名を囲む山括弧＜＞や／や_などの記号は半角英字で入力します。全角の＜や／は利用できないので注意が必要です。要素名と属性値の間に入れるスペースも半角英字で入力します。

◆Point3　タグの前後で改行できる

　要素は1行で記述しても開始タグと終了タグで改行してもかまいません。HTML文書内でどちらかに統一しておいたほうが見やすいでしょう。

◆Point4　インデントで見やすくできる

　タグの前後で改行をした場合は、内容の前にインデントを入れておくと、内容がタグより右側に移動し要素全体が見やすくなります。インデントにはタブや半角スペースを利用します。

> **メモ**
>
> Bracketsではソースコードの記述中インデントが自動的に入りますが、手動でインデントを入れるには［編集］メニュー→［インデント］の順にクリックします。すでに入力済みのインデントをやめるには［編集］メニュー→［インデント解除］の順にクリックします。

◆Point5　コメントが付けられる

　HTML文書にはコメントを付けることができます。コメントを付けておけばHTMLソースコードのどこに何が書いてあるかを見つけやすくなります。実際の記述方法についてはP.65で解説します。

2-3-4　属性（Attributes）の追加

　要素に付加する情報のことを**属性**といいます。使用する要素により付加できる属性は異なります。先ほど作成したHTML文書ではhtml要素やmeta要素に属性が記述されています。

　属性は1つの要素に対して複数指定でき、どの順序で記述してもかまいません。また、複数記述する場合は半角スペースで区切ります。

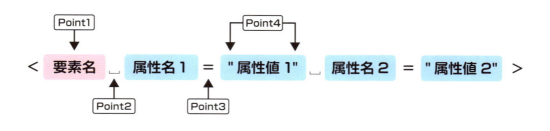

● 図2-9　属性の記述ルール

属性記述のルールは、以下のとおりです。

◆ Point1　属性名と属性値をセットで記述する

通常は要素名の後に属性名と属性値をセットで記述します。

◆ Point2　半角スペースで区切る

要素名と属性名は半角スペースで区切ります。

◆ Point3　属性名と属性値を＝でつなぐ

属性名と属性値は半角の＝（イコール）でつなぎます。

◆ Point4　属性値は"で囲む

属性値は半角の"（ダブルクォーテーション）で囲みます。

HTML5で使用できる属性の一覧は以下のwebページで確認できます。

HTML5で使用できる属性の一覧
URL http://www.w3.org/TR/2014/REC-html5-20141028/index.html#attributes-1

コラム

文字コードとは

　文字コードとは、文字や記号などをコンピューターで扱えるように、1つずつの文字に固有のコードを割り当てたものです。文字コードの代表的なものには、Shift_JISやUTF-8などがあります。たとえば「大」という文字はShift_JISでは91E5というコードで、UTF-8ではE5 A4 A7という異なるコードが割り当てられています。HTML文書を作成する時も使用する文字コードを指定しますが、HTML5ではUTF-8を使用することを推奨しています。（前述のShift_JISは非推奨です）

　webブラウザでwebページを表示した時に文字が正しく表示されない文字化けがおこるのは、HTML文書にmeta要素を使って記述されている文字コードと、ファイルの保存やwebブラウザで表示するために使用する文字コードが異なるためです。なお、Bracketsではファイルの保存時の文字コードにUTF-8を使用しています。それ以外の文字コードを扱うには別途拡張機能のインストールが必要です。

2-4 HTML文書の閲覧

HTML文書がインターネット上でどのように表示されるか確認するにはwebブラウザを使います。ここでは編集結果がリアルタイムで表示できるBracketsのライブプレビュー機能を使ってwebページの表示を確認します。

2-4-1 表示の確認

Bracketsには作成したHTML文書の内容をすばやくブラウザで閲覧できる**ライブプレビュー**という機能があります。ここではライブプレビューの起動方法と、終了方法について解説します。

1 ライブプレビューを起動する

Bracketsウィンドウ右上にある[ライブプレビュー]ボタンをクリックします❶。[ライブプレビューへようこそ]の画面が表示されたら、[OK]ボタンをクリックします（初回起動時のみ）。プレビューの準備が整うとボタンが黄色く表示されます。

2 表示を確認する

Google Chromeが起動し、P.41で入力したtitle要素の内容がタブに表示されています。body要素にはまだ何も入力していないので、webブラウザには何も表示されていません。

3 ライブプレビューを終了する

ライブプレビューを終了するには、Bracketsのウィンドウに切り替えて、黄色く表示されている[ライブプレビュー]ボタンをクリックします❶。終了するとボタンがグレーで表示されます。

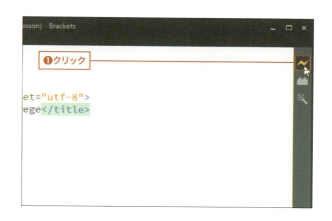

コラム

ブラウザでの表示の確認

　本書ではBracketsのライブプレビュー機能を使ってwebブラウザでの表示を確認しています。一般的なテキストエディタを使用してHTML文書を作成している場合は、HTML文書を保存し、そのファイルのアイコンをダブルクリックします。すると、webブラウザが起動してHTMLファイルの内容がwebブラウザで表示されます。

　HTML文書を変更した場合は、ファイルを保存してからwebブラウザを更新すれば編集した内容に情報が更新されます。Bracketsでは保存や更新をせずとも最新の状態を確認できるのでとても便利です。情報の更新がうまくいかない場合は、HTMLファイルを保存した上でライブプレビューを一度終了し、再度ライブプレビューを実行してください。

　なお、Bracketsには、編集中の要素をwebブラウザで強調表示してくれる便利な機能がありますが、解説の都合上、[表示]メニュー→[ライブプレビューハイライト]の順にクリックして、設定をオフにした状態で解説を行っています。

編集中の部分が強調表示されている

CHAPTER 2　HTMLの基礎知識

練 習 問 題

問題1. HTML文書はDOCTYPE宣言と何要素で構成されているか答えてください。

問題2. HTML文書に関する情報（メタデータ）を記述するための要素は何か答えてください。

問題3. webページに掲載する内容（コンテンツ）を記述するための要素は何か答えてください。

問題4. 要素の最初と最後に記述するタグをそれぞれ何というか答えてください。

解答は　**付録P.1**

CHAPTER

よく使う要素の設定

webページに掲載する原稿は、文字データとして用意しておきHTML文書に貼り付けると便利です。貼り付けた文字はそれぞれの役割に応じた要素を設定します。ここではHTML文書の作成でよく使われる要素と、テキストに関連した要素について学びます。

3-1	文字データの準備	P.52
3-2	見出し・リスト・段落要素の設定	P.55
3-3	テキストに関連した要素の設定	P.60

CHAPTER 3　よく使う要素の設定

3-1 文字データの準備

　ここではあらかじめ準備しておいた原稿をHTMLファイルに挿入し、内容に応じた要素を設定する方法について解説します。

3-1-1 ▶ 原稿の挿入

　ここではあらかじめ準備しておいたテキスト形式の原稿を、HTML文書に挿入する方法について解説します。

1　原稿ファイルを選択する

webページに掲載したい内容をまとめたテキストファイルを開きます。［サイドバー］の［text_data］をクリックします❶。ファイルの一覧が表示されたら［原稿_ホーム.txt］をクリックします❷。

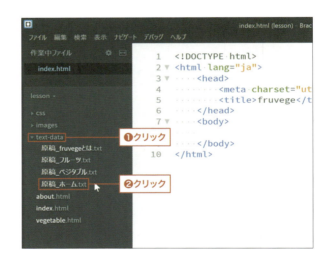

2　文章をすべて選択する

原稿が表示されました。ウィンドウ内で右クリック（macOSの場合は[control]キー＋クリック）し❶、表示されたメニューから［すべて選択］をクリックして❷、すべての文字を選択します。[Ctrl]キー（macOSの場合は[⌘]）を押したまま[A]キーを押してすべての文字を選択することもできます。

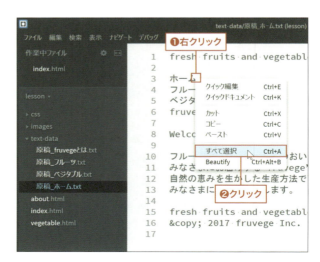

3 文字をコピーする

もう一度ウィンドウ内で右クリック（macOSの場合は control キー＋クリック）し❶、表示されたメニューから［コピー］をクリックします❷。これですべての文字がコピーされます。Ctrl キー（macOSの場合は ⌘ ）を押したまま C キーを押してコピーすることもできます。

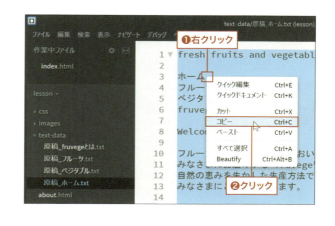

4 ファイルを切り替える

サイドバーの［作業中ファイル］にある［index.html］をクリックし❶、ファイルを切り替えます。

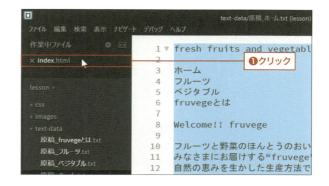

5 貼り付け位置を選択する

［index.html］ファイルのソースコードが表示されたら、<body>と</body>の間の行をクリックします❶。

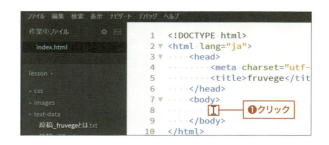

6 文字を貼り付ける

もう一度同じ位置で右クリック（macOSの場合は control キー＋クリック）し❶、表示されたメニューから［ペースト］をクリックします❷。これでコピーした文字が貼り付けられました。Ctrl キー（macOSの場合は ⌘ ）を押したまま V キーを押して貼り付けることもできます。

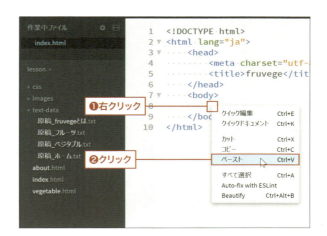

CHAPTER 3 よく使う要素の設定

7 ファイルを保存する

これでこのページに必要な文章の準備が整いました。[ファイル]メニュー→[保存]の順にクリックします❶。

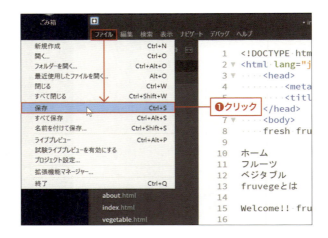

8 ライブプレビューを利用する

[ライブプレビュー]ボタンをクリックします❶。

9 webブラウザで表示を確認する

body要素内に貼り付けた文章がwebブラウザのウィンドウに表示されています。

コラム ☕

改行は反映されない？

　Bracketsで貼り付けた文章には改行が含まれていますが、webブラウザではひとつながりで表示されています。文章にはbody要素だけが設定され、改行などそれ以外の要素が設定されていないためこのような表示になっています。この後の実習では各文字列に要素を設定し、意味付けを行います。それによりwebブラウザでの表示も変化します。

3-2 見出し・リスト・段落要素の設定

ここではHTML文書の作成時によく使われる見出し要素、リスト要素、段落要素の記述方法とwebブラウザでの表示について解説します。

3-2-1 ▶ 見出しをあらわすh1,h2,h3,h4,h5,h6要素の設定

文章がどのような内容なのか一目でわかるようにするには見出しを付けます。HTMLには6段階の見出し要素があり、数字に応じて順位（ランク）が定められています。大見出しとして使われるような最も順位の高い見出しはh1要素を使い、順位が下がるごとにh2要素、h3要素と順番に使用します。

記述例

```
<h1>内容</h1>
<h2>内容</h2>
<h3>内容</h3>
<h4>内容</h4>
<h5>内容</h5>
<h6>内容</h6>
```

1 h1タグを入力する

Bracketsのウィンドウに切り替えます。`<body>`の下にある「fresh fruits and vegetables」をこのwebページの第1見出しに設定します。「fresh」の前でクリックし、h1要素の開始タグ`<h1>`を入力します❶。次に「vegetables」の後ろでクリックし、`</`と入力します❷。自動的に終了タグの`</h1>`が入力されます。

```
1  <!DOCTYPE html>
2  <html lang="ja">
3    <head>
4      <meta charset="utf-8">
5      <title>fruvege</title>
6    </head>
7    <body>
8      <h1>fresh fruits and vegetables</h1>
9
10     ホーム
11     フルーツ
12     ベジ
13     fru
14
15     Welcome!! fruvege
16
17     フルーツと野菜のほんとうのおいしさを
18     みなさまにお届けする"fruvege"です。
19     自然の恵みを生かした生産方法で育てたフルーツとベジタ
```

❶入力する　❷入力する

```
<body>
    <h1>fresh fruits and vegetables</h1>
```

2 h2タグを入力する

次に「Welcome!! fruvege」を第2見出しに設定します。文字列の先頭でクリックし、h2要素の開始タグ`<h2>`を入力します❶。次に文字列の後ろでクリックし、`</`と入力します❷。自動的に終了タグの`</h2>`が入力されます。入力が終わったらファイルを保存します。

> **メモ**
>
> 要素を設定したことで行頭に自動的にインデントが挿入されます。インデントはソースコードを見やすくするためのものであり本書に掲載されている画面とインデントが違っていてもソースコードに問題はありません。手動でインデントを入れるにはキーボードの Tab キーを押します。

```
<h2>Welcome!! fruvege</h2>
```

3 webブラウザで表示を確認する

Google Chromeのウィンドウに切り替えます。h1要素とh2要素に設定した文字列をwebブラウザで見ると、上下に余白が挿入され、見出しの順位に応じて文字が大きく太字で表示されています。設定した要素をどのように表示するかは、webブラウザにより異なります。

> **メモ**
>
> 本書ではGoogle Chromeで表示した例を掲載していますが、ほかのブラウザで表示した場合、画面の表示が若干異なる場合があります。

3-2-2 リストをあらわすul要素、ol要素、項目をあらわすli要素の設定

項目が一覧で見渡せるリストを作成するには、ol要素またはul要素を使用します。リストの項目に順序がある場合はol要素を、順序がない場合はul要素を使います。リストの項目を作成するにはul要素またはol要素内にli要素を作成します。

作成したリストをwebブラウザで見ると、左側にインデントとよばれる余白が設けられた状態で表示されます。ol要素を使用した場合は、項目の先頭に数字などの順序を示す番号などが表示され、ul要素を使用した場合は、項目の先頭に・（中黒点）などの記号が表示されます。

◆順序のないリスト

記述例

```
<ul>
    <li>内容</li>
    <li>内容</li>
</ul>
```

◆順序のあるリスト

記述例

```
<ol>
    <li>内容</li>
    <li>内容</li>
</ol>
```

1 liタグを入力する

Bracketsのウィンドウに切り替えます。h1要素の下にある文章をリストの項目に設定するためli要素の開始タグ`<li>`と終了タグ`</li>`を各行の文字列の前後に入力します❶。

```
<li>ホーム</li>
<li>フルーツ</li>
<li>ベジタブル</li>
<li>fruvegeとは</li>
```

2 ulタグを入力する

作成した項目を順序のないリストに設定します。一番はじめの<li>の前の行にul要素の開始タグ`<ul>`を入力し❶、最後の</li>の次の行に終了タグ`</ul>`を入力します❷。入力が終わったらファイルを保存します。

```
 1  <!DOCTYPE html>
 2  <html lang="ja">
 3      <head>
 4          <meta charset="utf-8">
 5          <title>fruvege</title>
 6      </head>
 7      <body>
 8          <h1>fresh fruits and vegetables
 9  <ul>                            ❶入力する
10          <li>ホーム</li>
11          <li>フルーツ</li>
12          <li>ベジタブル</li>
13          <li>fruvegeとは</li>
14  </ul>                           ❷入力する
15          <h2>Welcome!! fruvege</h2>
16
17  フルーツと野菜のほんとうのおいしさを
18  みなさまにお届けする"fruvege"です。
19  自然の恵みを生かした生産方法で育てたフルーツと
20  みなさまにご提供いたします。
21
22  fresh fruits and vegetables
23  &copy; 2017 fruvege Inc.
24
25      </body>
26  </html>
```

```
<ul>
        <li>ホーム</li>
        <li>フルーツ</li>
        <li>ベジタブル</li>
        <li>fruvegeとは</li>
</ul>
```

3 webブラウザで表示を確認する

Google Chromeのウィンドウに切り替えます。ul要素、li要素を設定した文字列をブラウザで見ると、左側に余白が設けられ、行頭に・(中黒点)記号が付いたリスト形式で表示されています。

リスト形式で表示された

余白が設けられた

3-2-3 段落をあらわすp要素の設定

　見出しやリストのように特別な意味を持たないひとかたまりの文章をまとめるには段落をあらわすp要素を使用します。p要素を設定した文章をwebブラウザで見ると、一般的なブラウザでは、上下に余白が設けられた状態で表示されます。長い文章もいくつかの段落に分けておけば段落ごとに余白が挿入されて見やすくなります。

 記述例

```
<p>内容</p>
```

1 pタグを入力する

Bracketsのウィンドウに切り替えます。第2見出しの下にある文字列の前後にp要素の開始タグ`<p>`と終了タグ`</p>`を入力します❶。次に企業名の文字列の前後にも開始タグ`<p>`と終了タグ`</p>`を入力します❷。入力が終わったらファイルを保存します。

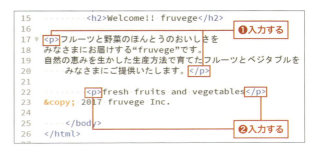

2 webブラウザの表示を確認する

Google Chromeのウィンドウに切り替えます。p要素を設定した文字列をwebブラウザで確認すると、上下に余白が挿入された状態で表示されます。

> **メモ**
> h1要素やh2要素、p要素をブラウザで表示すると、前後に余白が挿入されたひとかたまり（ブロック）で表示され、縦方向に積み上がって表示されます。

CHAPTER 3　よく使う要素の設定

3-3 テキストに関連した要素の設定

ここでは文章を改行したり一部を強調したりするようなテキスト（文章）に関する要素の設定方法と、空要素について解説します。

3-3-1 ▶ 改行をあらわすbr要素の設定

文章の途中で改行をするには、br要素を使用します。br要素はこれまでの要素と違い改行したい場所に開始タグのみを記述し、内容と終了タグは記述しません。このような要素のことを「空要素」といいます。空要素に関してはP.61を参照してください。

 記述例

```
<p>内容<br>内容</p>
```

1 brタグを入力する

Bracketsのウィンドウに切り替えます。文章の途中で改行するためにbr要素の開始タグ `<br>` を入力します❶。ここでは右のように3か所で改行をします。タグの入力が終わったらファイルを保存します。

2 webブラウザの表示を確認する

Google Chromeのウィンドウに切り替えます。webブラウザで確認すると、br要素の後に続く文章が新しい行に改行されています。

3-3-2 空要素について

　要素は開始タグ、内容、終了タグで構成されていますが、一部には内容を持たない要素があります。これを**空要素**（からようそ）といいます。内容がない要素の場合は、開始タグのみを記述し、**終了タグを記述する必要がありません。**

　空要素には先ほど記述したbr要素があります。br要素は改行したい場所を指定するだけなので含めるべき内容がありません。このように内容を持たない空要素では開始タグのみを記述し、内容や終了タグは記述しません。

　空要素にはbr要素のほかmeta要素、link要素、img要素などがあります。

●図3-1　空要素

3-3-3 重要性をあらわすstrong要素、強調をあらわすem要素の設定

　文章の特定の部分が重要であることを伝えるにはstrong要素を、特定の部分を強調するにはem要素を使用します。strong要素を設定した文字列をブラウザで見ると文字が太字で表示されています。一般的に、見出しや段落要素内で使用します。

```
<p>内容<strong>内容</strong>内容</p>
```

```
<p>内容<em>内容</em>内容</p>
```

　例えば、私は「HTML」を勉強している。という文章の場合、「HTML」が印象にのこります。このよう文章の中で強く伝えたい部分にはem要素を使います。em要素を使う部分を、私はHTMLを「勉強」している。というように変えることで、その文章のニュアンスを変化させることができます。

　strong要素の場合は、お客様の獲得した「ポイントの有効期限は1年」です。というように文章の中でまっさきに注目して欲しい部分や、重要な部分に使用します。

CHAPTER 3　よく使う要素の設定

1　strongタグを入力する

Bracketsのウィンドウに切り替えます。p要素を設定した文章中の［自然の恵みを生かした生産方法］の前後にstrong要素の開始タグ `<strong>` と終了タグ `</strong>` を入力します❶。入力が終わったらファイルを保存します。

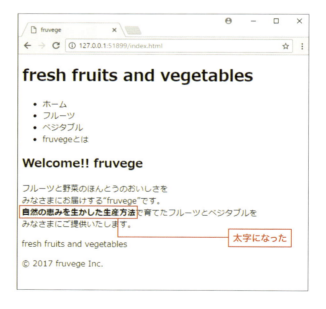

`<strong>自然の恵みを生かした生産方法</strong>`

2　webブラウザで表示を確認する

Google Chromeのウィンドウに切り替えます。strong要素が設定された文字列が太字で表示されます。strong要素やbr要素をブラウザで表示すると、h1要素やp要素とは異なり、前後に余白は挿入されず、前の要素やテキストに続いて同じ行（インライン）で表示されます。

3-3-4　要素の親子関係

　HTML文書では**要素の中に別の要素を含むことができます**。これまで作成してきたHTML文書でもこのような記述をしています。たとえばhtml要素の中にはhead要素やbody要素が含まれています。またhead要素の中にはtitle要素が含まれています。このように要素の中に別の要素を記述するには**入れ子構造**（またはネスト構造）とよばれる方法で記述する必要があります。

先ほど記述したstrong要素はp要素に含まれています。この場合p要素を**親要素**、親要素に含まれるstrong要素を**子要素**といいます。子要素は親要素の要素内（開始タグから終了タグまでの間）に記述しなければなりません。

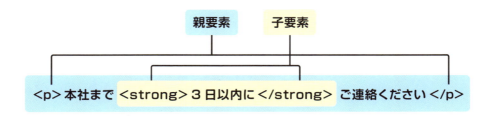

● 図3-2　親要素と子要素（正しい例）

以下は間違えた記述の例です。この記述では親要素の中に子要素が含まれず子要素の終了タグが親要素の外にあり、親要素の中で完結していないため間違えた記述となります。

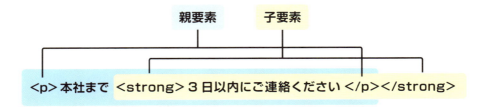

● 図3-3　親要素と子要素（誤った例）

要素の中にどのような要素が含められるかについてはP.93で解説します。

3-3-5　警告や著作権など細則をあらわすsmall要素の設定

免責事項や警告、著作権などの細則をあらわすにはsmall要素を使用します。作成したsmall要素をブラウザで見ると小さい文字で表示されています。

 記述例

```
<small>内容</small>
```

CHAPTER 3 よく使う要素の設定

1 smallタグを入力する

Bracketsのウィンドウに切り替えます。原稿の一番下にある文字列を著作権を示す文字列として設定します。small要素の開始タグ`<small>`と終了タグ`</small>`を文字列の前後に入力します❶。入力が終わったらファイルを保存します。

`<small>&copy; 2017 fruvege Inc.</small>`

2 ブラウザの表示を確認する

Google Chromeのウィンドウに切り替えます。small要素を設定した文字列をブラウザで見ると、小さい文字サイズで文字列が表示されています。

コラム ☕

直接入力できない文字

　HTML文書に記述する文字列には直接入力できない文字や記号があります。タグの入力で使用する＜＞などの記号や、著作権や登録商標などを示す©、®などの記号などがそれに該当します。このように直接入力できない記号などを表示する方法を文字参照といいます。文字参照には名前文字参照や数値文字参照などの種類があり、名前文字参照の場合は、&に続いて特定のキーワードを入力します。それをブラウザで表示すると、該当する記号が表示されます。

　本書でsmall要素を設定した文字列の先頭には著作権を示す記号を名前文字参照を使って入力しています。これをブラウザで見ると©と記号が表示されます。以下によく使われる記号を名前文字参照で入力する場合の一覧を表示します。

● 表3-1　よく使われる記号

表示される記号	名前文字参照	説明
©	&copy;	著作権
®	&reg;	登録商標
™	&trade;	商標
¥	&yen;	円
＜	&lt;	不等号（小なり記号）
＞	&gt;	不等号（大なり記号）

3-3-6 コメントの入力

HTML文書には**コメント**を付けることができます。コメントを付けておけばHTML文書のどこに何が書いてあるかを見つけやすくなります。

コメントは<!-- ではじまり -->で終わります。この間にコメントの内容を入力します。内容は日本語でも英語でもかまいませんが、2つ以上の連続したハイフン（--）は記述できないため注意が必要です。コメントに入力した文字列はブラウザに表示されないため、編集中のメモなどを入力できますが、HTMLのソースコードはだれでも見られるため、パスワードなど重要な項目の記述は避けたほうがよいでしょう。HTML文書へのコメントの入力はP.89で行います。

 記述例

```
<!--コメント内容-->
```

コラム ☕

ソースコードを整える

これまでに基本のソースコードの入力から、原稿の挿入、よく使う要素の設定まで行いました。貼り付けた原稿や、要素の入力時に自動的に設定されたインデントによりソースコードが見づらい場合は、インストール済みのBeautifyを使用すると、ソースコードを見やすく整えることができます。

ソースコードを整えるには［編集］メニュー→［Beautify］の順にクリックします。これでソースコードを見やすく整えることができます。

CHAPTER 3　よく使う要素の設定

練 習 問 題

問題1.　以下の概要に該当する要素名を記述してください。

①見出し（すべて）
②優先順位のないリスト
③優先順位のあるリスト
④リストの項目
⑤段落
⑥改行
⑦重要
⑧細則

問題2.　段落要素の中にある一部の文字列（1週間後の5月10日まで）が重要であることを伝えるにはどのように記述しますか？　正しいものを選択してください。

①\<p\>今日出された課題は\<strong\>1週間後の5月10日まで\</strong\>に提出をしてください。\</p\>

②\<strong\>今日出された課題は\<p\>1週間後の5月10日まで\</strong\>に提出をしてください。\</p\>

③\<p\>今日出された課題は\<strong\>1週間後の5月10日まで\</p\>に提出をしてください。\</strong\>

④\<p\>今日出された課題は\</p\>1週間後の5月10日まで\<strong\>に提出をしてください。\</strong\>

問題3.　要素は開始タグ、内容、終了タグで構成されていますが、一部には内容を持たない要素があります。このような要素を何要素といいますか？また、これまでに学んだ具体的な要素名を2つ記述してください。

解答は　**付録P.2**

CHAPTER 4

画像の表示とリンクの設定

webページには、商品の画像やwebページのイメージなどを伝えるキービジュアル、企業の認知度を高めるためのロゴマークなどさまざまな画像が掲載されています。ここではwebページに掲載できる画像についての基礎知識と画像の挿入方法、各ページ間を移動できるリンクの設定について学びます。

4-1	画像の表示	P.68
4-2	リンクの設定	P.74

CHAPTER 4 画像の表示とリンクの設定

4-1 画像の表示

webページに表示する画像は特定の形式で保存されている必要があります。ここではwebページで画像を扱うための基礎知識と、画像を表示する要素の記述方法について解説します。

4-1-1 ▷ 使用できる画像の種類

webページではGIF、JPEG、PNG形式のビットマップ画像や、SVG形式のベクター画像などを扱うことができます。ここでは代表的な4つの形式について解説します。

❖ GIF（ジフ）形式（拡張子：.gif）

ビットマップ形式の画像で、使用できる**色数が256色まで**と制限されているため、色数の少ないアイコンやロゴなどに向いています。透過GIFという機能を使い、画像の一部を透明にすることができたり、パラパラマンガのように複数枚の画像を組み合わせたアニメーションを作成することもできます。

❖ JPEG（ジェイペグ）形式（拡張子：.jpg）

ビットマップ形式の画像で、**フルカラー（約1677万色）が扱える**ので、グラデーションなどを使用した複雑なイラストや写真に向いています。画質を変えることによりファイルサイズを小さく抑えられます。この形式では画像の一部を透明化することはできません。

❖ PNG形式（ピング）（拡張子：.png）

ビットマップ形式の画像で、使用できる色数を256色に制限したPNG-8と、フルカラーが使用できるPNG-24やPNG-32という3つの形式があります。PNG-8はロゴマークやイラストなど、PNG-24やPNG-32は写真などを利用する場合に向いています。

❖ SVG形式（エスブイジー）（拡張子：.svg）

ベクター形式の画像で、XMLという言語を使って記述されています。ビットマップ形式の画像とは異なり画像を拡大縮小しても画像がギザギザになったりぼやけたりせず、品質を維持したまま表示できるという特徴があります。

68

4-1-2 ▶ 画像をあらわすimg要素の設定

　webページに写真やイラストを表示するにはimg要素を使います。img要素は内容を持たない空要素です。このため**終了タグを記述する必要はありません。**

　img要素を使用する場合は、src属性を使って表示する画像ファイルのURL（場所）を示します。このsrc属性は必須属性です。

　img要素で使用できる属性にはこのほかに画像が表示できなかった場合に代替テキストで画像の概要を示すalt属性や、画像の幅や高さをあらわすwidth属性やheight属性などがあります。

　ファイルのURLの記述方法に関してはP.76を参照してください。

記述例

```
<img src="値" alt="値" width="値" height="値">
```

● 表4-1　img要素の属性

属性名	意味	概要値
src（必須属性）	画像ファイルの場所を指定する	ファイルのURLを指定
alt	画像の代替テキストを指定する	テキストで指定
height	画像の高さを指定する	px（ピクセル）または％で指定
width	画像の幅を指定する	px（ピクセル）または％で指定

メモ

ピクセルとはコンピューターで画像を扱う時の単位で、色情報を持つ点のことをいいます。
width属性、height属性の値をピクセルで指定する場合は、数値のみを記述し、単位記号のpxは省略できます。

　ここではロゴマークとこのwebサイトのキービジュアルをwebページに表示します。画像はすべて［index.html］ファイルと同じ場所にある「images」フォルダー内に入っているものを使用します。使用する画像に関する情報は以下のとおりです。

● 表4-2　画像の詳細

画像	場所	名前	代替	幅	高さ
ヘッダー用ロゴ	imagesフォルダー	logo_header.png	fruvegeロゴ	240px	55px
キービジュアル	imagesフォルダー	key_v.png	空（入力しない）	1024px	480px
フッター用ロゴ	imagesフォルダー	logo_footer.png	fruvegeロゴ	141px	39px

CHAPTER 4　画像の表示とリンクの設定

1　内容を削除する

Bracketsのウィンドウに切り替えます。3章ではh1要素を使い文字を見出しとして設定しました。企業イメージがより伝わるように文字をロゴマークに変更します。h1要素に入力済みの内容の「fresh fruits and vegetables」の部分を削除します❶。

2　imgタグを入力する①

`<h1>`と`</h1>`の間に`<img␣src=`と入力します❶。コードヒントが表示され、プロジェクトフォルダー内のフォルダー名の一覧が表示されます。画像が入っている[images]フォルダーをクリックします❷。URLの一部が自動的に記述されます。

```
<h1><img␣src="images/"</h1>
```

3　ファイルを選択する

選択したフォルダー内のファイルが一覧表示されます。リストをスクロールして使用する画像のファイル名[images/logo_header.png]をクリックします❶。URLが追記されます。

```
<h1><img src="images/logo_header.png"</h1>
```

> **メモ**
>
> Bracketsではプロジェクトフォルダーを設定することで、フォルダーやファイルの一覧から目的のものを選択するだけでURLの記述ができます。また属性値の前後に必要な"(ダブルクォーテーション)や、フォルダーの区切りに必要な/(スラッシュ)も自動的に挿入されます。これにより入力ミスが防げるので便利です。

4 代替テキストを入力する

画像が表示されない場合などに使用される文字を入力します。スペースキーを押して、半角スペースを挿入し、次にalt="fruvegeロゴ"と入力します❶。

```
<h1><img src="images/logo_header.png" ␣alt="fruvegeロゴ"</h1>
```

5 幅と高さを入力する

画像の幅と高さを入力します。カーソルが"の後ろにあることを確認し、スペースキーを押して、半角スペースを挿入します。次にwidth="240"␣height="55">と入力します❶。最後の>は"の後ろに入力してください。

```
<h1><img src="images/logo_header.png" alt="fruvegeロゴ" ␣width="240" ␣
height="55"></h1>
```

6 imgタグを入力する②

次にこのwebページのキービジュアルとなる画像を挿入します。</ul>の下にこれまでと同じやり方で<img␣src="images/key_v.png"␣alt=""␣width="1024"␣height="480">と入力します❶。この画像は企業のイメージを示す装飾的な画像です。装飾的な画像の場合はalt属性の内容を省略することができるので、ここではalt=に続く属性値は""のみを入力し文字は入力しません。

```
</ul>
<img␣src="images/key_v.png" ␣alt="" ␣width="1024" ␣height="480">
```

CHAPTER 4 画像の表示とリンクの設定

7 imgタグを入力する③

webページの下部の企業名もロゴマークに変更します。p要素に入力済みの内容を削除し、`<img src="images/logo_footer.png" alt="fruvegeロゴ" width="141" height="39">`と入力します❶。入力が終わったらファイルを保存します。

```
<p><img src="images/logo_footer.png" alt="fruvegeロゴ" width="141" height="39"></p>
```

8 ブラウザの表示を確認する

Google Chromeのウィンドウに切り替えます。webページの上下部分にロゴ画像が、中央部分にはこのwebページのキービジュアルとなる画像が確認できます。確認できたら、Bracketsのウィンドウに切り替えておきます。

コラム

alt属性に設定した値の表示

　ソースコードに入力した画像が、指定したフォルダーにない場合などでは、alt属性に指定した値が表示されます。以下の図はGoogle Chromeでの表示例です。

72

コラム

画像が表示されない場合

　img要素を設定したのにwebブラウザに画像が表示されない場合は、以下のポイントをチェックしましょう。なお、BracketsではライブプレビューでHTML文書の変更結果がすぐにwebブラウザに反映されますが、一般的なテキストエディタを使用している場合は、HTMLファイルの保存とwebブラウザの更新を忘れずに行ってください。

◆src属性の属性値に間違いがないか？

　ファイルの場所を示すURLの記述に間違いはありませんか？　src属性の属性値に入力した内容をもう一度確認し、入力し直してみましょう。

◆ファイルが正しい位置に保存されているか？

　src属性の属性値に記述した場所に画像ファイルが保存されていないと画像は表示されません。本書の作例ではHTMLファイルは［lesson］フォルダーに、画像ファイルは［images］フォルダーに保存されているので、同じ状態かどうか確認しましょう。

◆ダブルクォーテーションマークを忘れていないか？

　ダブルクォーテーションマーク"が属性値の前後に正しく入力されていますか？　属性値の後のダブルクォーテーションマークはよく忘れられることがあります。

◆拡張子を間違えていないか？

　拡張子が違えば画像は正しく表示されません。画像のファイル名と拡張子の記述に間違いがないか確認しましょう。ファイルの拡張子が表示されていない場合は、P.35を参照してください。

◆全角入力になっていないか？

　要素名のimgや属性間のスペース、src属性の属性値が全角で入力されていませんか？　正しく入力されているように見えていてもどこかに不具合があるかもしれないので、再度入力し直してみましょう。

◆ライブプレビューを再起動する

　情報の更新がうまくいかない場合、まずはHTMLファイルを保存します。その後ライブプレビューを一度終了し、再度ライブプレビューを実行してください。

　　　　ライブプレビューが未起動の状態を示します。

　　　　ライブプレビューが動作中であることを示します。webブラウザで内容が確認できます。

　　　　文法上の誤りがあることを示す。エラーがなくなるとライブプレビューが更新されます

　不明な原因 (detached_Render process gone.)
によってライブプレビューはキャンセルされました　　ライブプレビュー終了前にブラウザウインドウを閉じると表示されます。
再度ボタンをクリックするとライブプレビューが起動します。

4-2 リンクの設定

webページどうしを関連付けるにはリンク要素を設定します。ここではa要素を使って文字や画像にリンクを設定する方法について解説します。

4-2-1 リンクをあらわすa要素の設定

webページに表示されている文字や画像をクリックしてwebサイト内の別のページや、インターネットに公開されている別のページに移動できるリンク（**ハイパーリンク**）を使用するにはa要素とhref属性を使います。リンクをクリックした時の移動先を指定するには、href属性の属性値にリンク先のURL（場所）を記述します。

a要素とhref属性が設定された文字列をブラウザで表示すると、一般的に文字に色と下線が付いた状態で表示されます。リンクが設定された文字や画像にマウスポインタを合わせると、矢印が指先のアイコンに変化しリンク先であることを示します。

ファイルのURLの記述方法に関してはP.76を参照してください。

 記述例

```
<a␣href="値">内容</a>
```

ここでは作成したリストの各項目からほかのwebページに移動できるようにリンクを設定します。ほかのページへのリンクが設定されている要素のことをナビゲーションといいます。li要素の内容として記述された文字列をa要素の内容として使用しリンクを設定します。各リスト項目から移動するwebページは以下のとおりです。なおリンク先となるHTMLファイルは、[index.html]ファイルと同じフォルダー（ディレクトリ）にあるものと、これから制作するものを使用します。

● 表4-3 リンク項目とリンク先のファイル

リンク元	リンク先	実際のコード
ホーム	index.html	`<li><a␣href="index.html">ホーム</a></li>`
フルーツ	fruit.html	`<li><a␣href="fruit.html">フルーツ</a></li>`
ベジタブル	vegetable.html	`<li><a␣href="vegetable.html">ベジタブル</a></li>`
fruvegeとは	about.html	`<li><a␣href="about.html">fruvegeとは</a></li>`

1 リストにリンクを設定する

li要素の内容に各ページへのリンクを設定するため、文字列を囲むようにa要素の開始タグ `<a>` と終了タグ `</a>` を入力します❶。開始タグにはhref属性を使いHTMLファイルのURLを記述します。

```
<li><a href="index.html">ホーム</a></li>
<li><a href="fruit.html">フルーツ</a></li>
<li><a href="vegetable.html">ベジタブル</a></li>
<li><a href="about.html">fruvegeとは</a></li>
```

2 画像にリンクを設定する

リンクは文字だけでなく画像にも設定できます。ここではロゴに[index.html]ファイルへのリンクを設定するため、img要素を囲むよう以下のようにa要素を入力します❶。開始タグにはhref属性を使いHTMLファイルのURLを記述して、ファイルを保存します。

```
<h1><a href="index.html"><img src="images/logo_headerpng" alt="fruvegeロゴ" width="1024" height="480"></a></h1>
```

3 ブラウザの表示を確認する

Google Chromeのウィンドウに切り替えます。a要素を設定した文字列に色が付き、下線が表示されています。なお、現時点では一部のリンク先のHTMLファイルはまだ作成していません。リンクをクリックしてもwebブラウザには内容が表示されないwebページもあります。

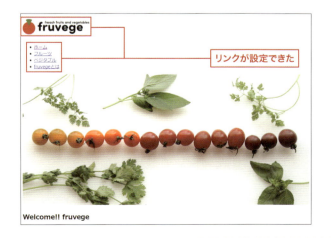

コラム ☕

リンク先が表示されない場合

　a要素とhref属性を設定したのにリンク先に移動できない場合や、リンクに関する不具合が生じた場合は以下のポイントをチェックしましょう。なお、BracketsではライブプレビューでHTML文書の変更結果がすぐにwebブラウザに反映されますが、一般的なテキストエディタを使用している場合は、HTMLファイルの保存とwebブラウザの更新を忘れずに行ってください。

◆ href属性の属性値に間違いがないか？
　ファイルの位置をあらわすURLの記述に間違いはありませんか？　href属性の属性値に入力した内容をもう一度確認し、入力し直してみましょう。

◆ ファイルが正しい位置に保存されているか？
　href属性の属性値に記述した場所にHTMLファイルが保存されていないとリンク先のページは表示されません。本書の作例ではHTMLファイルは［lesson］フォルダーに保存されているので、同じ状態かどうか確認しましょう。

◆ ダブルクォーテーションマークを忘れていないか？
　ダブルクォーテーションマークが値の前後に正しく入力されていますか？　値の後のダブルクォーテーションマークはよく忘れられることがあります。

◆ 終了タグを記述しているか？　また場所を間違えていないか？
　ほとんどの文章がリンクのように表示されている場合は終了タグの書き忘れ、または位置の間違いである可能性が高いです。終了タグ</a>の記述場所をチェックしましょう。

◆ 全角入力になっていないか？
　要素名のaと、属性の間にあるスペースや、href属性の属性値が全角で入力されていませんか？正しく入力されているように見えていてもどこかに不具合があるかもしれないので、再度入力し直してみましょう。

4-2-2 ▷ 相対パスと絶対パス

　img要素のsrc属性の属性値や、a要素のhref属性の属性値に記述するURLには、該当ファイルまでのパスを記述します。パスとは該当ファイルまでの経路のことで、ファイルの位置を文字列を使って示します。パスの記述には相対パスで記述する方法と絶対パスで記述する方法、ルート相対パスで記述する方法などがあります。ここでは相対パスと絶対パスの2つについて解説します。

❖ 相対パス

相対とは、ほかのものと関連付けて物事をとらえることをいいます。相対パスでファイルの経路を記述するには、**現在編集中のHTMLファイルを基準**とし、対象となるファイルがどこにあるかを記述します。

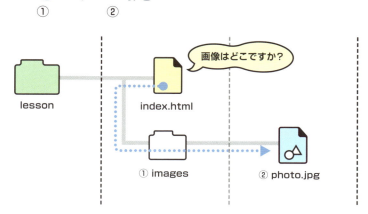

●図4-1　相対パス

❖ 絶対パス

絶対とは、ほかのものと関連付けなくてもそれ自体で存在することをいいます。絶対パスでファイルの経路を記述するにはサーバーにアップロードしてあるファイルのhttp://からはじまるアドレスを記述します。

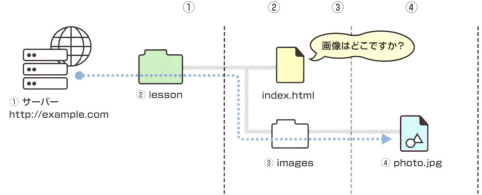

●図4-2　絶対パス

4-2-3 ファイルのURLの記述方法

　本書で作成するwebサイトに使用する画像ファイルやリンク先は、同じwebサイト内にあるものを使用するため、相対パスを使ってファイルまでの経路であるパスを記述しています。

　ここではファイル構成の例に基づいてパスの記述方法を解説します。相対パスで画像ファイルやwebページ（HTMLファイル）の経路を記述するには基点となるHTMLファイルから対象となるファイルまでのパス（経路）を記述します。

❖ ケース1：同じフォルダー（ディレクトリ）にあるファイルを指定する場合

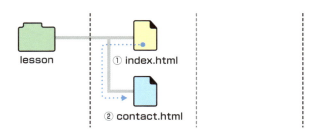

●図4-3　ケース1

　たとえばリンクを設定する場合、編集中のHTMLファイル（[index.html]ファイル）❶を基点とし、リンクしたいHTMLファイル（[contact.html]ファイル）❷までの経路を記述します。この場合2つのファイルは同じフォルダー（ディレクトリともいいます）にあるので、ファイル名のみを記述することでファイルまでの経路が相対パスで記述できます。

 記述例

```
<a href="contact.html">
```

❖ ケース2：同じフォルダー（ディレクトリ）にあるフォルダー内のファイルを指定する場合

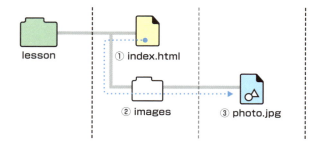

●図4-4　ケース2

たとえば画像ファイルを表示する場合、編集中のHTMLファイル（［index.html］ファイル）❶を基点とし、表示したい画像ファイル（［photo.jpg］ファイル）❸までの経路を記述します。画像ファイルは［index.html］ファイルと同じフォルダー（ディレクトリ）にある［images］フォルダー❷の中に入っている［photo.jpg］ファイル❸です。これを順番に並べると以下のようになります。

画像ファイルは［images］フォルダーの中に入っているので、フォルダーの区切りをあらわすための記述が必要になります。それが/（スラッシュ）です。フォルダー名の後に/を記述することにより、フォルダーの中にあるファイルが指定できます。よって先ほど記述した2つの名前（imagesとphoto.jpg）の間に/を入れて記述します。これでファイルまでの経路が相対パスで記述できます。

記述例

```
<img src="images/photo.jpg">
```

［images］から記述をスタートするのは、（ケース1）と同様に、［index.html］ファイル❶と［images］フォルダー❷が同じフォルダーにあるからです。

なお、現在作業しているフォルダー（カレントディレクトリともいいます）は.（ピリオド）で示すことができます。そのため上記と同じURLは以下の方法でも記述できます。

記述例

```
<img src="./images/photo.jpg">
```

❖ ケース3：別のフォルダー（ディレクトリ）にあるファイルを指定する場合

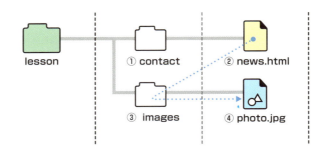

●図4-5　ケース3

たとえば[contact]フォルダー❶にある[news.html]ファイル❷に、[images]フォルダー❸にある画像ファイルの[photo.jpg]ファイル❹を表示したい場合、2つのファイルは同じフォルダー（ディレクトリ）にないため、フォルダーをさかのぼってファイルを指定する必要があります。

基点となるのは、[news.html]ファイル❷です。ここから1つ上のフォルダーにさかのぼります。1つ上のフォルダーを示すのが..（連続した2つのピリオド）です。そこには[images]フォルダー❸があり、その中に[photo.jpg]ファイル❹があります。これにフォルダー（ディレクトリ）の区切りを示す/（スラッシュ）を入れて記述します。これで別のフォルダーにあるファイルまでの経路が相対パスで記述できます。

 記述例

```
<img src="../images/photo.jpg">
```

❖ ケース4：リンク先がインターネット上に公開されているwebページの場合

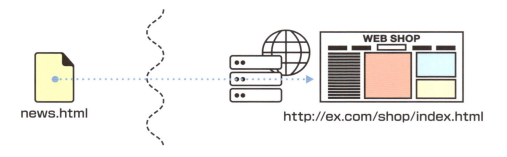

●図4-6　ケース4

インターネットで公開されているwebページにリンクするにはhref属性の値にhttpからはじまるwebページのURLを絶対パスで記述します。

 記述例

```
<a href="http://gihyo.jp/book">内容</a>
```

❖ ケース5：リンク先がメールアドレスの場合

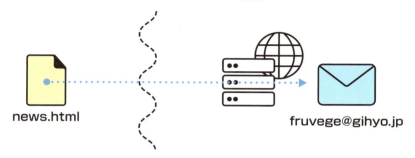

● 図4-7　ケース5

　webページに問い合わせ先などを記述する場合、メールアドレスをリンクの対象に設定することもあります。メールアドレスがリンクされた項目をクリックするとメールアプリケーションが起動しメールアドレスが入力された新規メールを自動的に作成できるので便利です。

　href属性にメールアドレスを指定するには、値の冒頭にmailto:と入力し続けてメールアドレスを入力します。

 記述例

```
<a href="mailto:fruvege@gihyo.jp">内容</a>
```

コラム ☕

ページ内リンクについて

　リンク先はwebサイト内の同一ページや別のページの特定の場所に指定することもできます。その場合はa要素のhref属性の値にid属性の属性値を使用します。

```
<h1 id="top">内容</h1>
```

　たとえばh1要素の位置にリンク先を指定したい場合は、h1要素にid属性を設定します。ここではtopという値を設定しています。次にa要素のhref属性を以下のように記述します。

```
<a href="#top">内容</a>
```

　これで同一ページ内の特定場所へのリンクが設定できます。

CHAPTER 4　画像の表示とリンクの設定

練習問題

問題1. 以下のファイル構成の時、①～⑧を埋めてindex.htmlのソースコードを完成させてください。

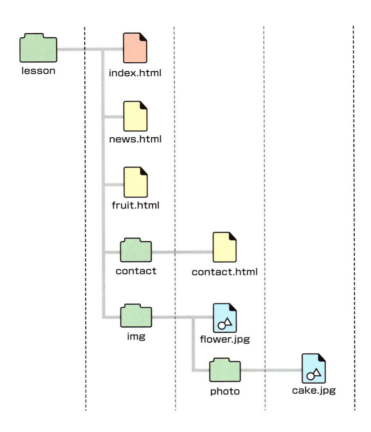

index.htmlのソースコード

```
< ①  src= ②  alt="赤いバラ" width="300" height="200">

< ③  src= ④  alt="チョコケーキ" width="300" height="200">

<a  ⑤ = ⑥ >ニュースページへ</a>

<a  ⑦ = ⑧ >お問い合わせ</a>
```

解答は　付録P.2

CHAPTER

5

内容の組み立てと正しいコードの記述

webページに掲載する内容は、その役割に応じてさまざまな要素が設定されますが、ここでは特にヘッダーやフッター、見出しやナビゲーションなどwebページ全体の内容をきちんと組み立てるために使用する要素について学びます。またHTML文書を正しく記述するために知っておきたい記述のルールについても学びます。

| 5-1 | 内容を組み立てるための要素 | P.84 |
| 5-2 | 要素の区別 | P.90 |

CHAPTER 5 内容の組み立てと正しいコードの記述

5-1 内容を組み立てるための要素

　HTMLにも一般的な文書と同じようにヘッダーやフッター、本文といったような内容を組み立てるための要素が用意されています。ここからはwebページの内容を組み立てていくための要素について解説します。

5-1-1 ▶ 内容を組み立てるための要素

　ここではwebページの内容を組み立てて構造化していくために使用できる要素について解説します。

❖ ヘッダーをあらわすheader要素

　ヘッダーとは**文書の先頭に情報を付加できる領域**のことをいいます。一般的な文書では日付や文書のタイトル、企業名などの情報がヘッダーに記載されますが、HTML文書ではheader要素を使って企業名やロゴマーク、webサイトのナビゲーションなど各ページに共通して使用する情報をまとめます。header要素は、body要素や後述のsection要素などセクションに対して1つの要素を記述できます。

記述例

```
<header>
内容
</header>
```

❖ ナビゲーションをあらわすnav要素

　ほかのページへのリンクが設定されている要素のことをナビゲーションといいます。nav要素を使うと、**webサイト内の主要なナビゲーション領域**をあらわすことができます。webページにはさまざまなリンクが含まれますが、それらすべてがnav要素になるのではなく、主要なナビゲーションのみを対象とする要素です。

記述例

```
<nav>
内容
</nav>
```

❖ フッターをあらわすfooter要素

フッターとは**文書の末尾に情報を付加できる領域**のことをいいます。一般的な文書では企業名や連絡先、著作権の情報、ページ番号などの情報がフッターに記載されます。HTML文書でもfooter要素を使って企業名や連絡先などの情報をまとめます。footer要素は、body要素や後述のsection要素などセクションに対して1つの要素を記述できます。HTML文書では、必ずしも文書の末尾にある必要はありません。

記述例

```
<footer>
内容
</footer>
```

❖ 章や節といった文章の区分をあらわすsection要素

文書はその内容をわかりやすくするため、文脈に応じて章・節・項といったセクションに分かれています。文書をこのようなセクションに分けるにはsection要素を使用します。一般的にセクションには見出しと内容が含まれます。

記述例

```
<section>
内容
</section>
```

❖ 独立した記事をあらわすarticle要素

新聞や雑誌の記事、ブログのエントリのように単体で内容が完結し、そこだけ抜き出しても情報が成立するひとかたまりの文章にはarticle要素を使用します。section要素と同様に文章を分ける役割を持つ要素ですが、内容が単体で完結し、ほかのサイトなどに再配布ができるかどうかがこの要素を使用するポイントになります。

記述例

```
<article>
内容
</article>
```

❖ 広告や補足記事をあらわすaside要素

　webページの内容に関係しているが関連が薄く、そこだけ切り離してもそのwebページの内容を見る上で影響がないようなものにはaside要素を使用します。たとえば広告や補足記事、webページの片側に表示されるサイドバーなどにこの要素を使うことができます。

```
<aside>
内容
</aside>
```

❖ 主要な内容をあらわすmain要素の設定

　webページ内の主要な内容をあらわすにはmain要素を使います。これによりページ内の主要部分を明確にすることができます。主要な部分をあらわすためmain要素はHTML文書内に1つしか記述できず、header要素、nav要素、footer要素、article要素、aside要素にmain要素を含めることはできません。

```
<main>
内容
</main>
```

❖ 特別な意味を持たないdiv要素

　div要素はほかの要素と違い特別な意味を持たない要素で、**連続した複数の要素を1つのまとまったグループとしてまとめる**ことができます。後述のCSSを使ってwebページのスタイル（デザイン）を設定する場合などに使用します。

```
<div>
内容
</div>
```

5-1-2 ▷ 内容を組み立てる要素の設定

　ここではこれまでに解説したwebページの内容を組み立てる要素を使ってHTML文書を組み立てていく方法について解説します。

1　headerタグを入力する

Bracketsのウィンドウに切り替えます。fruvegeのロゴマークと、4章でリンクを設定したリストをheader要素の内容にします。<body>の下にheader要素の開始タグ `<header>` を、</ul>の下に終了タグ `</header>` を入力します❶。

```
 7 ▼ ········<body>
 8 ▼ ········<header>                    ❶入力する
 9 ········<h1><a href="index.html"><img src="images/logo_head
            alt="fruvegeロゴ" width="240" height="55"></a></h1>
10 ▼ <ul>
11 ········<li><a href="index.html">ホーム</a></li>
12 ········<li><a href="fruit.html">フルーツ</a></li>
13 ········<li><a href="vegetable.html">ベジタブル</a></li>
14 ········<li><a href="about.html">fruvegeとは</a></li>
15 ········</ul>
16 ········</header>
```

```
<body>
<header>
    ⋮
</ul>
</header>
```

2　navタグを入力する

4章でリンクを設定したリストをこのwebページの主要ナビゲーションにします。<ul>の前の行にnav要素の開始タグ `<nav>` を、</ul>の次の行に終了タグ `</nav>` を入力します❶。

```
10 ▼ ·············<nav>                    ❶入力する
11 ▼ <ul>
12 ········<li><a href="index.html">ホーム</a></li>
13 ········<li><a href="fruit.html">フルーツ</a></li>
14 ········<li><a href="vegetable.html">ベジタブル</a></li>
15 ········<li><a href="about.html">fruvegeとは</a></li>
16 ········</ul>
17 ·············</nav>
```

```
width="240" height="55"></a></h1>
<nav>
<ul>
    ⋮
</ul>
</nav>
</header>
```

3　footerタグを入力する

webページ下部にあるロゴマークと著作権をfooter要素の内容にします。<p>の前の行にfooter要素の開始タグ `<footer>` を、</small>の次の行に終了タグ `</footer>` を入力します❶。タグの入力が終わったらファイルを保存します。

```
25 ········みなさまにご提供いたします。</p>
26 ▼ ········<footer>                    ❶入力する
27 ········<p><img src="images/logo_footer.png"
            height="39"></p>
28 ········<small>&copy; 2017 fruvege Inc.</small>
29 ········</footer>
30 ········</body>
31 ········</html>
```

```
みなさまにご提供いたします。</p>
<footer>
    ⋮
<small>&copy; 2017 fruvege Inc.</small>
</footer>
</body>
```

CHAPTER 5　内容の組み立てと正しいコードの記述

4　mainタグを入力する

すでに設定済みのheader要素とfooter要素以外のすべての部分をこのページの主要な内容にします。</header>の次の行にmain要素の開始タグ<main>を、<footer>の前の行に終了タグ</main>を入力します❶。

```
18 ········</header>
19 ▼ ······<main>              ❶入力する
20 ········<img src="images/key_v.png" alt="" width="1024"
21 ········<h2>Welcome!! fruvege</h2>
22
23 ▼ <p>フルーツと野菜のほんとうのおいしさを<br>
24 みなさまにお届けする"fruvege"です。<br>
25 ········<strong>自然の恵みを生かした生産方法</strong>で育てたフル
26 ········みなさまにご提供いたします。</p>
27 ▼ ······</main>
28 ▼ ······<footer>
```

```
</header>
<main>
  ⋮
みなさまにご提供いたします。</p>
</main>
<footer>
```

5　divタグを入力する①

すでに設定済みのheader要素とfooter要素、main要素の内容をdiv要素を使ってまとめます。これは後述のCSSを使ったスタイルを適用する場所を指定するために使用します。最初にheader要素の内容をdivタグで囲みます。div要素の開始タグ<div>と終了タグ</div>を入力します❶。

```
8 ▼ ········<header>
9 ▼ ········<div>                  ❶入力する
10 ········<h1><a href="index.html"><img src="images/logo
         alt="fruvegeロゴ" width="240" height="55"></a><
11 ▼ ········<nav>
12 ▼ <ul>
13 ········<li><a href="index.html">ホーム</a></li>
14 ········<li><a href="fruit.html">フルーツ</a></li>
15 ········<li><a href="vegetable.html">ベジタブル</a></li>
16 ········<li><a href="about.html">fruvegeとは</a></li>
17 ········</ul>
18 ········</nav>
19 ········</div>
20 ········</header>
21 ▼ ········<main>
```

```
<header>
<div>
  ⋮
</div>
</header>
```

6　divタグを入力する②

続けて、main要素の内容をdivタグで囲みます。こちらも後述のCSSを使ったスタイルを適用するためです。div要素の開始タグ<div>と終了タグ</div>を入力します❶。

```
19 ········</div>
20 ········</header>
21 ▼ ········<main>
22 ▼ ········<div>                  ❶入力する
23 ········<img src="images/key_v.png" alt="" width="1024"
24 ········<h2>Welcome!! fruvege</h2>
25
26 ▼ <p>フルーツと野菜のほんとうのおいしさを<br>
27 みなさまにお届けする"fruvege"です。<br>
28 ········<strong>自然の恵みを生かした生産方法</strong>で育てたフル
29 ········みなさまにご提供いたします。</p>
30 ········</div>
31 ········</main>
32 ▼ ········<footer>
33 ········<p><img src="images/logo_footer.png" alt="fruve
```

```
<main>
<div>
  ⋮
</div>
</main>
```

5-1 内容を組み立てるための要素

7 divタグを入力する③

最後に、footer要素の内容をdivタグで囲みます。こちらも後述のCSSを使ったスタイルを適用するためです。div要素の開始タグ`<div>`と終了タグ`</div>`を入力します❶。

```
16    ....<li><a·href="about.html">fruvegeとは</a></li>
17    ..........</ul>
18    ..........</nav>
19    ........</div>
20    ......</header>
21 ▼  ......<main>
22 ▼  ........<div>
23    ..........<img·src="images/key_v.png"·alt=""·width="1024
24    ..........<h2>Welcome!!·fruvege</h2>
26 ▼  <p>フルーツと野菜のほんとうのおいしさを<br>
27    みなさまにお届けする"fruvege"です。<br>
28    ....<strong>自然の恵みを生かした生産方法</strong>で育てたフル
29    みなさまにご提供いたします。</p>
30    ........</div>
31    ......</main>
32 ▼  ......<footer>
33 ▼  ........<div>        ❶入力する
34    ..........<p><img·src="images/logo_footer.png"·alt="fruve
              height="39"></p>
35    ..........<small>&copy;·2017·fruvege·Inc.</small>
36    ........</div>        ❶入力する
37    ......</footer>
38    ....</body>
```

```
<footer>
<div>
    ⋮
</div>
</footer>
```

8 コメントを付ける

これで内容を組み立てる要素が設定できました。内容の組み立てがわかりやすくなるようにHTMLファイルをヘッダー・メイン・フッターという3つのパートに分け、それぞれの終了部分にP.65で解説したコメントを以下のように入力します❶。コメントの設定が終わったらファイルを保存します。

```
16    ....<li><a·href="about.html">fruvegeとは</a></li>
17    ........</ul>
18    ..........</nav>
19    ........</div>
20    ......</header>
21    ......<!--ヘッダーここまで-->        ❶入力する
22 ▼  ......<main>
23 ▼  ........<div>
24    ..........<img·src="images/key_v.png"·alt=""·width="1024
25    ..........<h2>Welcome!!·fruvege</h2>
26
27 ▼  <p>フルーツと野菜のほんとうのおいしさを<br>
28    みなさまにお届けする"fruvege"です。<br>
29    ....<strong>自然の恵みを生かした生産方法</strong>で育てたフル
              <br>
30    みなさまにご提供いたします。</p>
31    ........</div>
32    ......</main>
33    ......<!--メインここまで-->
34 ▼  ......<footer>
35 ▼  ........<div>
36    ..........<p><img·src="images/logo_footer.png"·alt="fruve
              width="141"·height="39"></p>
37    ..........<small>&copy;·2017·fruvege·Inc.</small>
38    ........</div>
39    ......</footer>
40    ......<!--フッターここまで-->
41    ....</body>
42    </html>
```

```
</header>
<!--ヘッダーここまで-->
    ⋮
</main>
<!--メインここまで-->
    ⋮
</footer>
<!--フッターここまで-->
```

5-2 要素の区別

特定の要素にだけスタイル（デザイン）などを設定したいのに、1つのページ内に同じ要素が複数ある場合、特定の要素だけをほかのものと区別する必要があります。ここでは要素を区別する方法と要素の記述ルールについて解説します。

5-2-1 要素を区別する方法

特定の要素だけをほかの要素と区別するには要素を区別するための名前を設定します。名前はid属性やclass属性を使って要素に設定することができます。名前を付けることでその要素を区別できるほか、その要素が持つ役割なども名前を使って示すことができます。

❖ id属性を使った要素の区別

要素を区別する1つ目の方法は**要素にid属性を設定し名前を付けること**です。このid属性はHTML5で使用するすべての要素に設定できる属性です。id属性の値に文字列を設定することで、要素を識別するための名前が付けられます。この値には英字や数字、アンダースコアなどの記号が利用できますが、空白文字（スペース）を含めることはできません。

 記述例

```
<要素名 id="値">内容</要素名>
```

要素にid属性を使って指定した名前は、スタイル（デザイン）を設定する際に特定の場所を指定するために使われたり、リンク先の場所を指定するために使われます（P.81参照）。またJavaScriptでも特定場所の指定に使用されます。id属性の値はそのページ固有のものであり、**同一ページ内のほかのid属性の値と重複してはいけません**。

❖ class属性を使った要素の区別

要素を区別する2つ目の方法は**要素にclass属性を設定し名前を付けること**です。このclass属性もHTML5で使用するすべての要素に設定できる属性です。class属性の値に文字列を設定することで、要素を識別するための名前が付けられます。class属性では値を半角スペースで区切ることで1つの要素に複数の名前を設定することもできます。なお値に使用できる文字や記号はid属性と同様です。

記述例

```
<要素名 class="値">内容</要素名>
<要素名 class="値 値">内容</要素名>
```

id属性との大きな違いは、同一ページに**同じ値を持つclass属性を複数設定できる**ことです。これにより後述のCSSを使って同じ値が設定されているところに同じスタイル（デザイン）を適用することができます。

1 class属性を設定する

[index.html] ファイルにはdiv要素が3つ設定されています。後述のCSSを使ったスタイルの定義で各要素が区別できるように、以下のようにclass属性を入力します❶。入力が終わったらファイルを保存します。

```
<header>
<div class="header_box">
   ⋮
<main>
<div class="main_box">
   ⋮
<footer>
<div class="footer_box">
```

5-2-2 要素とカテゴリー

HTML5では「カテゴリー」とよばれるものが定義されており、**要素は性質に応じて0（ゼロ）個またはそれ以上のカテゴリーに含まれています。**

たとえば、h1要素はフロー・コンテンツ、ヘディング・コンテンツなどに含まれていますが、html要素やhead要素はどのカテゴリーにも含まれていません。HTML5で使用する要素の大部分は、以下のカテゴリーに含まれています。ただし要素によっては詳細な条件が設定されているものもあります。詳しくは以下を参照してください。

カテゴリー
URL https://www.w3.org/TR/2014/REC-html5-20141028/dom.html#kinds-of-content

CHAPTER 5 内容の組み立てと正しいコードの記述

◆ メタデータ・コンテンツ

メタデータ・コンテンツは、メタデータやスタイルに関する要素が属するカテゴリーです。本書で使用している要素は以下のとおりです。

link, meta, style, title

◆ フロー・コンテンツ

フロー・コンテンツは、body要素内で使用される多くの要素が属するカテゴリーです。本書で使用している要素は以下のとおりです。

a, article, aside, br, div, footer, h1, h2, h3, h4, h5, h6, header, img, nav, ol, p, section, small, strong, table, ul, video

◆ セクショニング・コンテンツ

セクショニング・コンテンツは、文章のアウトラインをあらわす要素が属するカテゴリーです。本書で使用している要素は以下のとおりです。

article, aside, nav, section

◆ ヘディング・コンテンツ

ヘディング・コンテンツは、見出しをあらわす要素が属するカテゴリーです。本書で使用している要素は以下のとおりです。

h1, h2, h3, h4, h5, h6

◆ フレージング・コンテンツ

フレージング・コンテンツは、テキスト関連の要素が属するカテゴリーです。本書で使用している要素は以下のとおりです。

a, br, img, small, strong, video

◆ エンベディッド・コンテンツ

エンベディッド・コンテンツは、動画や画像などの外部のリソース（資源）を利用する要素が属するカテゴリーです。本書で使用している要素は以下のとおりです。

img, video

◆ インタラクティブ・コンテンツ

インタラクティブ・コンテンツは、ユーザーが操作できる要素が属するカテゴリーです。本書で使用している要素は以下のとおりです。

a, video（controls属性が存在する場合）

5-2-3 コンテンツ・モデルとは

　HTML5ではHTMLコードを正しく記述するために「コンテンツ・モデル」とよばれるルールを定義しています。P.62の要素の親子関係で解説したように、HTMLでは要素の中に別の要素を含めて記述することができます。この時、**要素の中にどんなものが含められるかを決めたものがコンテンツ・モデルです**。1つの要素の中に含めることができる要素は複数あるため、ほとんどの場合はカテゴリーを使って指定しています。ただし一部の要素では、中に含めることができる要素をカテゴリーではなく、ほかの方法で指定しているものもあります。詳細については、以下を参照してください。

Content models
URL https://www.w3.org/TR/2014/REC-html5-20141028/dom.html#content-models

　要素の記述が、コンテンツ・モデルに従って記述されているかどうか、実際のHTMLコードで確認してみましょう。

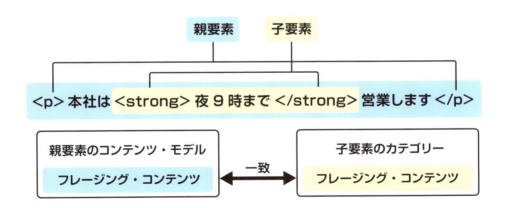

● 図5-1　コンテンツモデル

　p要素のコンテンツ・モデルは、フレージング・コンテンツです。従って、p要素の中にはフレージング・コンテンツカテゴリーに含まれる要素が入れられます。
　strong要素は、フロー・コンテンツ／フレージング・コンテンツ／パルパブル・コンテンツの3つのカテゴリーに属する要素です。
　p要素にはフレージング・コンテンツを含めることができ、strong要素はフレージング・コンテンツカテゴリーに属する要素なので、この記述はコンテンツ・モデルに従った正しい記述であることがわかります。

CHAPTER 5　内容の組み立てと正しいコードの記述

練 習 問 題

問題1. 文書の先頭に情報を付加できる領域を指定するにはどのような要素が適していますか？

問題2. webサイト内の各ページを行き来するような主要なリンクを含む領域を指定するにはどのような要素が適していますか？

問題3. 文書の末尾に情報を付加できる領域を指定するにはどのような要素が適していますか？

問題4. 文書をわかりやすくするため、文脈に応じて文章を章・節・項などのように分けるにはどのような要素が適していますか？

問題5. 複数の要素をまとまった1つのグループにするにはどのような要素が適していますか？

問題6. 名前を付けて要素を区別するために使用できる属性にはどのようなものがありますか？　2つ答えてください。

解答は　**付録P.3**

CHAPTER

6

HTMLファイルの複製と編集

webページが簡単に編集できるように準備を整えておくと、webサイトが効率よく制作できます。ここでは完成したwebページを複製し、他のページに使い回しが効くようにテンプレートとして保存する方法や、保存したテンプレートをもとに他のwebページを作成する方法について学びます。

| 6-1 | HTMLファイルの複製 | P.96 |
| 6-2 | テンプレートを利用したファイルの作成 | P.98 |

CHAPTER 6　HTMLファイルの複製と編集

6-1 HTMLファイルの複製

　複数のwebページを作成するには、ベースとなるファイルを複製してから内容を編集すると効率よく作成できます。ここでは作成済みのHTMLファイルから、複製用のベースとなるファイルを作成する方法について解説します。

6-1-1 テンプレートの作成

　本書で作成するwebページはどれもヘッダーやフッターは同じデザインで構成されています。これまでに作成したHTMLファイルをベースに、各ページに共通する要素だけを残した新しいHTMLファイルを作成すれば効率よくwebサイトが作成できます。このようなファイルのことを**テンプレートファイル**（ひな形）といい、各ページに共通する要素以外を編集すればすばやく類似のファイルが作成できるようになります。
　ここでは5章までに作成した［index.html］ファイルをもとに、テンプレートとなるHTMLファイルを作成します。

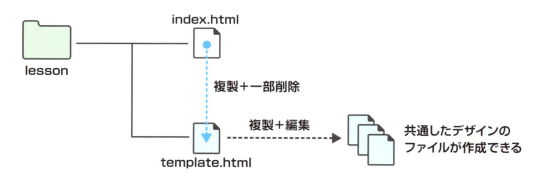

●図6-1　テンプレートの作成

1　ファイルを別名保存する

［index.html］ファイルに別の名前を付けてファイルを保存します。［ファイル］メニュー→［名前を付けて保存］の順にクリックします❶。

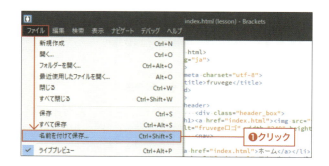

96

2 保存場所とファイル名を指定する

[名前を付けて保存] ダイアログボックスが表示されます。ファイル名 (macOSの場合は[名前]) に「template.html」と入力します❶。[保存する場所] が [lesson] フォルダーになっていることを確認したら❷、[保存] ボタンをクリックします❸。

3 不要な部分を削除する

ファイルが保存されサイドバーの [作業中のファイル] には保存時に入力したファイル名 [template.html] ファイルが表示されています。ここではヘッダーとフッターを残し、メインコンテンツの内容を一部削除します。<div>の下にある<img>から</div>の上にある</p>までをドラッグします❶。Backspaceキー (macOSの場合はdeleteキー) を押して選択したテキストを削除します❷。

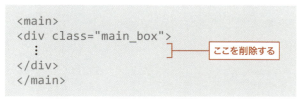

4 ファイルを保存する

不要な情報が削除でき、各ページに共通した内容のみを残したファイルに編集できました。[ファイル]メニュー→[保存]の順にクリックし❶、ファイルを保存します。各ページのテンプレートとなるHTMLファイルの [template.html] ファイルが作成できました。

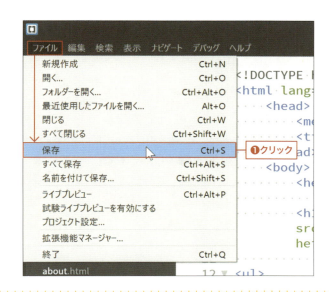

CHAPTER 6　HTMLファイルの複製と編集

6-2 テンプレートを利用したファイルの作成

ここではテンプレートとして作成した[template.html]ファイルを利用して新しいHTMLファイルを作成する方法について解説します。

6-2-1 ▶ 新しいHTMLファイルの作成

作成したテンプレートファイルをもとに、ここでは取り扱い商品についてのwebページ[fruit.html]を制作し、このページに必要な原稿などの情報を追加します。

1 新しいHTMLファイルを作成する

[template.html]ファイルを使って新しいHTMLファイルを作成します。[template.html]ファイルが開いた状態で[ファイル]メニュー→[名前を付けて保存]の順にクリックします❶。

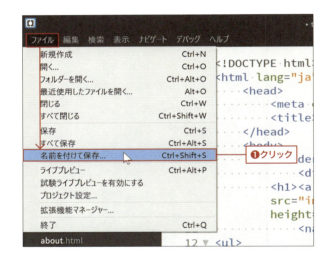

2 保存場所とファイル名を指定する

[名前を付けて保存]ダイアログボックスが表示されます。ファイル名（macOSの場合は[名前]）に「fruit.html」と入力します❶。[保存する場所]が[lesson]フォルダーになっていることを確認し❷、[保存]ボタンをクリックします❸。

3 原稿ファイルを開く

サイドバーの[作業中のファイル]には保存時に入力したファイル名[fruit.html]が表示されています。このHTML文書で使用する原稿のテキストファイルを開くので、[サイドバー]の[text_data]にある[原稿_フルーツ.txt]をクリックします❶。

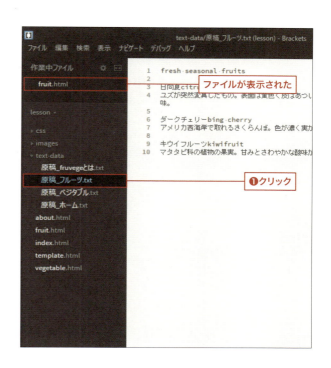

4 文章をすべて選択する

ウィンドウ内で右クリック（macOSは control キー＋クリック）し❶、表示されたメニューから[すべて選択]をクリックします❷。これですべての文章が選択されます。

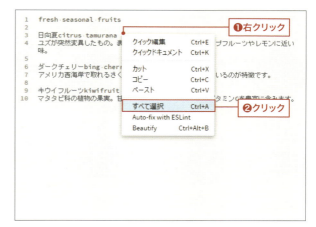

5 文字をコピーする

ウィンドウ内で右クリック（macOSは control キー＋クリック）し❶、表示されたメニューから[コピー]をクリックします❷。これですべての文字がコピーされます。

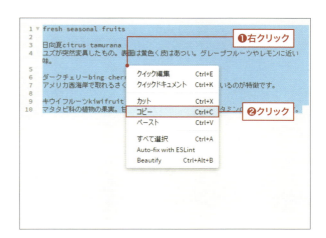

CHAPTER 6　HTMLファイルの複製と編集

6　ファイルを切り替える

サイドバーの［作業中ファイル］にある［fruit.html］をクリックし❶、ファイルを切り替えます。

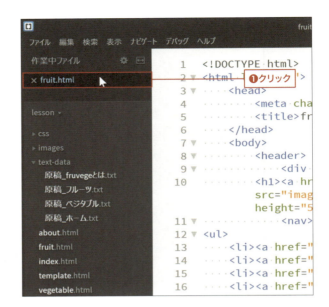

7　貼り付け位置を選択する

［fruit.html］ファイルのソースコードが表示されたら、<div class="main_box">の次の行をクリックします❶。

8　文字を貼り付ける

もう一度同じ位置で右クリック（macOSは control キー＋クリック）し❶、表示されたメニューから［ペースト］をクリックします❷。これで文字が貼り付きます。ファイルを保存します。

100

9 ブラウザの表示を確認する

Google Chromeのウィンドウに切り替えます。[フルーツ]のリンクをクリックして、[fruit.html]ファイルの内容に移動します。貼り付けた文字列が、ヘッダーとフッターの間に表示されています。

原稿が表示された

6-2-2 HTML文書（[fruit.html]ファイル）の編集

HTML文書（[fruit.html]ファイル）に貼り付けた文字列にはまだ要素が設定されていません。ここでは文字列に適切な要素を設定する方法と要素の編集について解説します。

1 title要素を編集する

Bracketsのウィンドウに切り替えます。title要素にはすでにこのページのタイトル［fruvege］が入力されています。ほかのページとの違いをあらわすために先頭にページの名前と縦線（バーティカルバー）を追加します。「フルーツ|」を追加入力します❶。|（縦線）は、Shiftキーを押したまま￥キーを押すと入力できます。

```
1    <!DOCTYPE html>
2    <html lang="ja">
3        <head>
4            <meta charset="utf-8">
5            <title>フルーツ|fruvege</title>
6        </head>
7        <body>                          ❶入力する
8            <header>
9                <div class="header_box">
10                   <h1><a href="index.html"><img
                     src="images/logo_header.png" alt=
                     height="55"></a></h1>
11                   <nav>
12    <ul>
13        <li><a href="index.html">ホーム</a></l
14        <li><a href="fruit.html">フルーツ</a><
15        <li><a href="vegetable.html">ベジタブル
16        <li><a href="about.html">fruvegeとは</
17    </ul>
18                   </nav>
19               </div>
20           </header>
21           <!--ヘッダーここまで-->
22           <main>
23               <div class="main_box">
24    fresh seasonal fruits
25
26    日向夏citrus tamurana
```

`<title>`**フルーツ|**`fruvege</title>`

CHAPTER 6　HTML ファイルの複製と編集

2　h2タグを入力する

この web ページがフルーツに関する情報を提供するページであることがわかるように、見出しとなる文字列［fresh seasonal fruits］を第2見出しに設定します。h2要素の開始タグ <h2> と終了タグ </h2> を文字列の前後に入力します❶。

```
23 ▼ ･････････････<div class="main_box">
24 ･････････････････<h2>fresh seasonal fruits</h2>
25
26 日向夏citrus tamurana
27 ユズが突然変異したもの。表面は黄色く皮はあつい。グレープフルーツやレモンに
   味。
28
29 ダークチェリーbing cherry
30 アメリカ西海岸で取れるさくらんぼ。色が濃く実がしまっているのが特徴です。
31
32 キウイフルーツkiwifruit
33 マタタビ科の植物の果実。甘みとさわやかな酸味が特徴でビタミンCを豊富に含みま
   す。
34 ･････････････</div>
35 ･････････</main>
36 ･････････<!--メインここまで-->
```

❶入力する

```
<h2>fresh seasonal fruits</h2>
```

3　h3タグとbrタグを入力する

このページで紹介する3つの商品の名前に第3見出しを設定します。h3要素の開始タグ <h3> と終了タグ </h3> を文字列の前後に入力し、日本語名と英語名の間に改行要素の
 を入力します❶。

```
22 ▼ ･････････<main>
23 ▼ ･････････<div class="main_box">
24 ▼ ･････････････<h2>fresh seasonal fruits</h2>
25
26 ･････････････<h3>日向夏<br>citrus tamurana</h3>
27 ユズが突然変異したもの。表面は黄色く皮はあつい。グレープフルーツやレモンに
   味。
28
29 ････････････<h3>ダークチェリー<br>bing cherry</h3>
30 アメリカ西海岸で取れるさくらんぼ。色が濃く実がしまっているのが特徴です。
31
32 ････････････<h3>キウイフルーツ<br>kiwifruit</h3>
33 マタタビ科の植物の果実。甘みとさわやかな酸味が特徴でビタミンCを豊富に含みま
   す。
34 ･････････････</div>
35 ･････････</main>
36 ･････････<!--メインここまで-->
37 <footer>
```

❶入力する

```
<h3>日向夏<br>citrus tamurana</h3>
  ⋮
<h3>ダークチェリー<br>bing cherry</h3>
  ⋮
<h3>キウイフルーツ<br>kiwifruit</h3>
```

4　pタグを入力する

h3要素の下にある説明文にp要素を設定します。説明文を囲むようにp要素の開始タグ <p> と終了タグ </p> を入力します❶。

```
23 ▼ ･････････････<div class="main_box">
24 ･････････････････<h2>fresh seasonal fruits</h2>
25
26 ･････････････<h3>日向夏<br>citrus tamurana</h3>
27 <p>ユズが突然変異したもの。表面は黄色く皮はあつい。グ
   フルーツやレモンに近い味。</p>
28
29 ････････････<h3>ダークチェリー<br>bing cherry</h3>
30 <p>アメリカ西海岸で取れるさくらんぼ。色が濃く実がしま
   るのが特徴です。</p>
31
32 ････････････<h3>キウイフルーツ<br>kiwifruit</h3>
33 <p>マタタビ科の植物の果実。甘みとさわやかな酸味が特徴で
   ミンCを豊富に含みます。</p>
34 ･････････････</div>
35 ･････････</main>
36 ･････････<!--メインここまで-->
37 ▼ <footer>
38 ▼ ･････<div class="footer_box">
```

❶入力する

```
<p>ユズが突然変異したもの。表面は黄色く皮はあつい。グレープフルーツやレモンに近い味。</p>
  ⋮
<p>アメリカ西海岸で取れるさくらんぼ。色が濃く実がしまっているのが特徴です</p>
  ⋮
<p>マタタビ科の植物の果実。甘みとさわやかな酸味が特徴でビタミンCを豊富に含みます。</p>
```

102

5 商品画像を表示する

それぞれのフルーツに商品写真を挿入します。挿入する画像については以下の表を参照してください。h3要素を適用した商品名の前の行にimg要素を以下のように入力します❶。入力が終わったらファイルを保存します。

```
<img src="images/f01.png" alt="日向夏" width="280" height="280">
<h3>日向夏<br>citrus tamurana</h3>
           ⋮
<img src="images/f02.png" alt="ダークチェリー" width="280" height="280">
<h3>ダークチェリー<br>bing cherry</h3>
           ⋮
<img src="images/f03.png" alt="キウイフルーツ" width="280" height="280">
<h3>キウイフルーツ<br>kiwifruit</h3>
```

● 図6-1　画像ファイルの詳細

	場所	ファイル名	代替	幅	高さ
画像1	imagesフォルダー	f01.png	日向夏	280px	280px
画像2	imagesフォルダー	f02.png	ダークチェリー	280px	280px
画像3	imagesフォルダー	f03.png	キウイフルーツ	280px	280px

6 ブラウザの表示を確認する

Google Chromeのウィンドウに切り替えます。第2、第3見出しが設定され、それぞれの商品の写真が表示されています。

6-2-3 内容を区別するための要素の設定

このwebページではフルーツに関する情報を扱っています。商品ごとの情報がわかりやすくなるように、section要素を使って情報をまとめていきます。

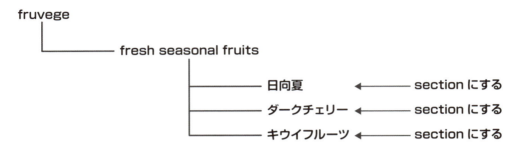

● 図6-2 このページの構成図

1 sectionタグを入力する

Bracketsのウィンドウに切り替えます。個別の商品情報をまとめます。img要素を設定した商品の画像から、p要素を設定した説明文までを囲むようにsection要素の開始タグ`<section>`と終了タグ`</section>`を入力します❶。また各sectionにitemという名前を設定します。

```
<section class="item">
<img src="images/f01.png" alt="日向夏" width="280" height="280">
<h3>日向夏<br>citrus tamurana</h3>
<p>ユズが突然変異したもの。表面は黄色く皮はあつい。グレープフルーツやレモンに近い味。</p>
</section>
<section class="item">
<img src="images/f02.png" alt="ダークチェリー" width="280" height="280">
<h3>ダークチェリー<br>bing cherry</h3>
<p>アメリカ西海岸で取れるさくらんぼ。色が濃く実がしまっているのが特徴です。</p>
</section>
<section class="item">
<img src="images/f03.png" alt="キウイフルーツ" width="280" height="280">
<h3>キウイフルーツ<br>kiwifruit</h3>
<p>マタタビ科の植物の果実。甘みとさわやかな酸味が特徴でビタミンCを豊富に含みます。</p>
</section>
```

2 divタグを入力する

3つのsection要素をdiv要素を使ってまとめます。section要素を設定したフルーツの情報すべてを囲むようにdiv要素の開始タグ`<div>`と終了タグ`</div>`を入力します❶。またほかのdiv要素と区別できるようclass属性も設定します。

📝 メモ

コードが見やすいように、コードの一部を折りたたんだ縮小状態で画面の撮影をしています。
コードは各行の頭にある三角形のボタンをクリックすると折りたたんだり、展開したりできます。

```
21          <!--ヘッダここまで-->
22    <main>
23          <div class="main_box">
24              <h2>fresh seasonal fruits</h2>
25              <div class="item_box">          ❶入力する
26                  <section class="item">…</section>
31                  <section class="item">…</section>
36                  <section class="item">…</section>
41              </div>
42          </div>
43      </main>
44          <!--メインここまで-->
45  <footer>
46          <div class="footer_box">
47              <p><img src="images/logo_footer.png" alt="fruvegeロ
                    width="141" height="39"></p>
48              <small>&copy; 2017 fruvege Inc.</small>
49          </div>
50      </footer>
51          <!--フッタここまで-->
52  </body>
```

```html
<h2>fresh seasonal fruits</h2>
<div class="item_box">
<section class="item">…</section>
<section class="item">…</section>
<section class="item">…</section>
</div>
</div>
</main>
```

3 ファイルを保存する

これでこのページのタグの入力がすべて終わりました。ファイルを保存します。ここで設定したsection要素やdiv要素は、webブラウザでの見た目には影響ありません。

CHAPTER 6　HTMLファイルの複製と編集

練 習 問 題

　ここでは [lesson] フォルダーにある作成途中のHTMLファイルを完成させて
ください。Bracketsのサイドバーにある [vegetable.html] をダブルクリック
で開いてから練習問題をはじめてください。

問題1.　ファイル内の以下の文字列に [fruit.html] ファイルで作成したのと同じ
　　　　　ように要素を適用してください。

	要素の種類	適用する文字列
①	第2見出し	fresh seasonal vegetables
②	第3見出しと改行	ミニトマトtomato
③	第3見出しと改行	パプリカpaprika
④	第3見出しと改行	万願寺とうがらしmanganji pepper

問題2.　問1で設定した第3見出しの前の行に、[fruit.html] ファイルで作成
　　　　　したのと同じように以下の商品画像を挿入してください。

	画像の場所	画像ファイル名	代替	幅	高さ
①	imagesフォルダー	v01.png	ミニトマト	280px	280px
②	imagesフォルダー	v02.png	パプリカ	280px	280px
③	imagesフォルダー	v03.png	万願寺とうがらし	280px	280px

問題3.　編集が終了したら、ファイルを保存します。保存が終わったらGoogle
　　　　　Chromeのウィンドウに切り替え、ベジタブルのリンクをクリックし
　　　　　ます。設定した要素が正しく表示されているか確認してください。

解答は　**付録P.4**

CHAPTER

表の作成とビデオの表示

詳細な情報を表示する方法の1つに表があります。文字を罫線で囲み行と列に分けて表示することで情報を区分し、わかりやすく提示することができます。また、別の方法としてビデオで情報を伝えることで理解度がアップすることもあります。ここでは表の作成方法と、ビデオを挿入する方法について学びます。

| 7-1 | 表の作成 | P.108 |
| 7-2 | ビデオの表示 | P.112 |

CHAPTER 7 　表の作成とビデオの表示

7-1 表の作成

表を使うと詳細なデータも行や列といった区切りを使って見やすく整理できます。ここでは表作成に必要なtable要素の使い方について解説します。

7-1-1 ▶ 表をあらわすtable要素の設定

table要素を使うとテーブルとよばれる表形式のデータを作成することができます。テーブルの作成にはテーブル全体の領域を指定するtable要素と、行を作成するtr要素、セルを作成するtd要素、見出しのセルを作成するth要素など複数の要素を組み合わせて使用します。

● 表7-1　table要素

要素名	概要
table要素	テーブル全体の領域を指定
tr要素	テーブル内の行を作成
td要素	行を区切るセルを作成
th要素	見出しのセルを作成

記述例

```
<table>
<tr>
<th>見出し</th>
<td>内容</td>
</tr>
<tr>
<th>見出し</th>
<td>内容</td>
</tr>
</table>
```

メモ

webページの過去の制作方法ではテーブルを使ってwebページをレイアウトしていたことがありました。現在ではそのような使い方は推奨されません。そのような経緯によりこのテーブルがレイアウト目的で使用されていないことを示すためにborder属性を使うこともできます（P.111参照）。その場合border属性の値には、空の文字列または1を指定します。なお、本書では罫線の設定を後述のCSSで行うためborder属性は指定していません。

108

このwebページには、企業の情報を記した以下の図のような表を掲載します。HTMLでは一般的な表のことをテーブルとよびます。

テーブルには**水平方向に情報をあらわす「行」**と垂直方向に情報をあらわす「列」があります。ここでは3行2列の表を作成し、そこに情報を入力します。**情報を入力する枠のことを「セル」**とよびます。情報を入力するセルのうち、1列目の内容は行の見出しです。2列目の内容は通常の情報です。

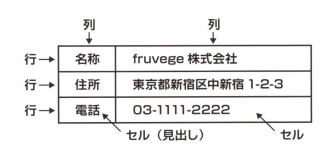

● 図7-1　テーブルの要素

7-1-2　HTML文書（[about.html]ファイル）の編集

ここでは企業情報を提供するwebページの編集を行います。HTMLファイルは、途中まで作成している[about.html]ファイルを使います。

1　[about.html]ファイルを開く

Bracketsのウィンドウに切り替えます。ここでは途中まで作成しているHTMLファイルを開いて編集作業を行います。Bracketsのサイドバーにある[about.html]ファイルをダブルクリックします❶。

2　ブラウザの表示を確認する

Google Chromeのウィンドウに切り替えます。「fruvegeとは」のリンクをクリックし、ブラウザで表示を確認します。「fruvege情報」や「fruvegeCM」といった見出しが表示されます。

3 tableタグを入力する

Bracketsのウィンドウに切り替えます。h3要素を適用した「fruvege情報」の下にtable要素の開始タグ`<table>`と終了タグ`</table>`を入力します❶。

```
<h3>fruvege情報</h3>
<table>

</table>
</section>
```

4 trタグを入力する

table要素内に行を作成します。このテーブルは3行で構成されているためtr要素の開始タグ`<tr>`と終了タグ`</tr>`のセットを3回入力します❶。

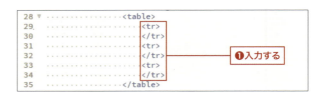

```
<table>
<tr>
</tr>
<tr>
</tr>
<tr>
</tr>
</table>
```

5 tdタグと内容を入力する

tr要素内にセルを作成します。作成するテーブルは1行を2つのセルで区切っているためtd要素の開始タグ`<td>`と終了タグ`</td>`のセットを2回ずつ、3つあるtr要素内に入力します❶。

```
<tr>
<td>名称</td>
<td>fruvege株式会社</td>
</tr>
<tr>
<td>住所</td>
<td>東京都新宿区中新宿1-2-3</td>
</tr>
<tr>
<td>電話</td>
<td>03-1111-2222</td>
```

6 webブラウザの表示を確認する

Google Chromeのウィンドウに切り替えます。table要素にはborder属性を設定していないので、罫線のない3行2列の表が表示されています。

> **メモ**
>
> 罫線の確認をしたい場合は、table要素にborder属性を追加して、<table␣border="1">とします。なお、罫線の設定は後述のCSSで行います。

表が表示される

7 見出しに変更する

各行の左側のセル（名称・住所・電話）を、見出しのセルに変更します。入力済みのtd要素を消し、見出しのセルであるth要素を入力します❶。入力が終わったらファイルを保存します。

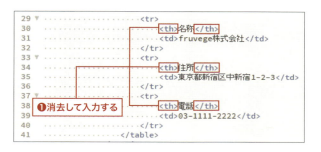

❶消去して入力する

```
<tr>
<th>名称</th>
<td>fruvege株式会社</td>
</tr>
<tr>
<th>住所</th>
<td>東京都新宿区中新宿1-2-3</td>
</tr>
<tr>
<th>電話</th>
<td>03-1111-2222</td>
</tr>
```

8 ブラウザの表示を確認する

Google Chromeのウィンドウに切り替えます。th要素を設定したセルの文字列が太字で、セルの左右方向の中央に表示されているか確認します。

変更された

CHAPTER 7　表の作成とビデオの表示

7-2 ビデオの表示

　インターネットではさまざまなビデオが公開されています。ここではビデオをwebページに表示する方法と動画共有サイトで公開されているビデオを活用する方法について解説します。

7-2-1 ▶ ビデオを挿入するvideo要素の設定

　webページにビデオを表示するにはvideo要素を使用します。video要素では、img要素などと同じようにsrc属性を使ってファイルの保存場所を指定します。またビデオの再生・停止、ボリューム調整などの制御を行うコントローラーは、controls属性を使って表示を指定します。なおcontrols属性は値を省略して記述することもできます。

📺 記述例

```
<video␣src="値"␣controls="値">
内容
</video>
```

　ここでは［lesson］フォルダー内の［images］フォルダーにあるビデオファイルの［cm.mp4］を使用します。使用するブラウザにより使用できるビデオフォーマットは異なりますが、今回使用するMP4形式は最新版のwebブラウザのほとんどで再生することが可能です。
　ここで記述するvideo要素には内容が何も含まれていませんが、必要に応じて複数のフォーマットのビデオ素材を指定するsource要素や、字幕を表示するtrack要素などを含める場合があります。

📺 記述例

```
<video␣controls="値">
<source␣src="sample.mp4">
<source␣src="sample.webm">
</video>
```

112

1 videoタグを入力する

Bracketsのウィンドウに切り替えます。h3要素を適用した「fruvege CM」の次の行にvideo要素の開始タグ `<video>` と属性、終了タグ `</video>` を入力します❶。入力が終わったらファイルを保存します。

```
<h3>fruvegeCM</h3>
<video src="images/cm.mp4" controls="controls">
</video>
```

2 webブラウザの表示を確認する

Google Chromeのウィンドウに切り替えます。video要素で挿入されたCM映像が表示されます。映像の下部にはコントローラーが表示されているので、再生ボタンをクリックして映像が再生できるか確認します。

> **メモ**
> Internet Explorerで表示を確認した場合、ブラウザの更新時にブロックされているコンテンツを許可するかどうかを訪ねるダイアログボックスが表示されます。映像を再生する場合は許可をしてください。

7-2-2 動画共有サイトのビデオを利用するには（参考）

　YouTubeやvimeo、ニコニコ動画など動画共有サイトはたくさんあります。動画共有サイトにアップロードされている公開されたビデオは、webページに表示することができます。ここではYouTubeで公開されているビデオをwebページに表示する方法について解説します。

1 ビデオを表示する

webページに表示したいビデオをYouTubeで表示します。ビデオの下にある［共有］リンクをクリックします❶。

2 埋め込みコードを表示する

［共有］リンクの下に表示された［埋め込む］リンクをクリックします❶。

3 コードを取得する

このビデオを埋め込むためのコードが表示されます。右下にある[コピー]リンクをクリックします❶。

4 HTMLファイルに貼り付ける

ビデオを埋め込みたいHTMLファイルにペーストします❶。ここではiframe要素を使って動画が埋め込まれます。

📝 メモ

iframe要素とは、webページ内に別のwebページやコンテンツを読み込んで表示させるための要素です。ここではYouTubeに掲載されているビデオをiframeを使って読み込んでいます。

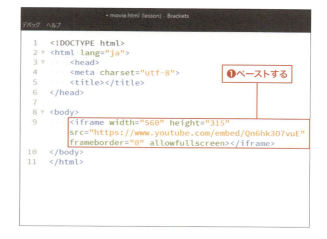

5 ブラウザで確認する

埋め込みコードを貼り付けたHTMLファイルを保存し、ブラウザで表示します。YouTubeの動画がwebページ内に表示されるので再生ボタンをクリックして動画を確認します。

CHAPTER 7　表の作成とビデオの表示

　　ここでは先ほど作成したテーブルに内容を追加し、7行2列の表になるよう編集します。ファイルを開いていない場合は、Bracketsのサイドバーにある[about.html]を開いてから練習問題をはじめてください。

問題1.　すでに作成済みのテーブルに4行分の内容を追加し、以下のようなテーブルになるよう編集してください。なお、先ほどと同様に左側の列は見出しのセルに設定します。

創立	2007年4月
資本金	500万円
営業時間	11時から19時まで
メールでのお問い合わせ	fruvege_info@fruvege.com

問題2.　編集が終了したら、ファイルを保存します。保存が終わったらブラウザで設定した要素が正しく表示されているか確認してください。

解答は　付録P.5

CHAPTER

CSSの基礎知識

HTML文書が完成したら、次にCSSを使ってwebページの見栄えを整えていきます。ここではCSSファイルを作成しながら、CSSの基礎知識とスタイルの記述方法について学びます。またCSSファイルに記述したスタイルをHTML文書に関連付けてスタイルを反映させるための方法についても学びます。

8-1	CSSの基礎知識	P.118
8-2	スタイルの記述方法	P.120
8-3	CSSファイルの作成とスタイルの記述	P.127
8-4	CSSファイルの関連付け	P.130

CHAPTER 8　CSSの基礎知識

8-1 CSSの基礎知識

文字の大きさや背景の色などwebページにスタイルを適用するにはCSSを使います。ここではCSSの基本的な知識とスタイルの記述方法、HTMLファイルへの関連付けなどについて解説します。

8-1-1　CSSとは

CSSとはCascading Style Sheetsの略称で、単にスタイルシートとよばれることもあります。スタイルシートは、文字の大きさや背景の色、全体のレイアウトなどwebページの見た目（スタイル）を定義する視覚表現のためのしくみで、HTMLと同じW3Cにより勧告されています。

8-1-2　スタイルの記述場所

スタイルを記述する方法は大きく2つに分かれます。1つはHTMLファイル内にスタイルを記述する方法です。もう1つは、HTMLファイルとは別のファイルにスタイルを記述する方法です。

◆HTMLファイル内にスタイルを記述する場合

HTMLファイル内にスタイルを記述した場合、後述の方法に比べすぐに記述したスタイルが確認できるので便利です。

具体的には、HTML文書のhead要素内に、style要素を追加し、そこにスタイルを記述します。また、HTML文書に記述された、各要素にstyle属性を付けてスタイルを記述することもできます。

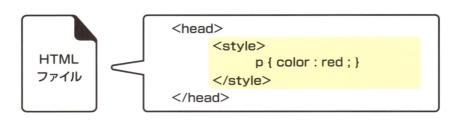

● 図8-1　HTMLファイル内にスタイルを記述

この方法でスタイルを記述した場合、HTMLファイルごとにスタイルを記述しなければならないので、HTMLファイルが複数ある場合は、スタイルの管理や更新がやや煩雑になります。

◆HTMLとは別のファイルに記述する場合

HTMLファイルとは別のファイルにスタイルを記述する場合は、スタイルを記述する専用のテキストファイルを作成します。このファイルをCSSファイルとよび、スタイルはこのCSSファイル内に記述します。

この場合、HTMLファイルとCSSファイルは異なるファイルなので、記述したスタイルを反映させるには2つのファイルを関連付ける必要があります。CSSファイルは複数のHTMLファイルに関連付けることができるため、複数のHTMLファイルで同じスタイルを利用する場合はこの方法が便利です。

●図8-2　CSSファイルの作成

本書で作成するwebサイトでは、複数のwebページに同じデザインを適用させたいのでこの方法を使用します。以下の図は、CSSファイルでスタイルを定義する前のHTMLファイルの表示と、スタイルを定義した後のHTMLファイルの表示です。

HTMLファイルのみの表示

CSSファイルでスタイルを定義した時の表示

●図8-3　スタイルの適用

CHAPTER 8 CSSの基礎知識

8-2 スタイルの記述方法

文字の大きさや背景の色などwebページの見た目を変更するには、ルールに従ってスタイルを記述する必要があります。ここではスタイルを記述するためのルールや用語について解説します。

8-2-1 ▷ スタイルの基本書式

スタイルは、「①どこに」「②どんなスタイル」「③どれだけ」適用するかという順序で以下のように記述します。

```
①どこに {

        ②どんなスタイル : ③どれだけ ;

}
```

具体的にコードを記述する際には、以下のように記述します。

```
p {
①どこに

        color : red ;
        ②どんなスタイル ③どれだけ

}
```

上記の例では、HTMLファイル内にあるp要素の文字の色を赤にするというスタイルが記述されています。

上記の例でpが書かれている部分（①）を「**セレクタ**」とよびます。セレクタは、スタイルを適用させたい対象を指定するためのものです。この場合はHTMLファイル内にあるp要素（<p>から</p>まで）がスタイルを適用する対象になります。

120

次にcolorが書かれている部分（②）を「**プロパティ**」とよびます。セレクタで指定した対象に適用したいスタイル（どんなスタイル）をここで設定します。この場合はcolorというプロパティを使って、①で指定したp要素の文字の色を指定しています。

最後にredが書かれている部分（③）を「**値**」とよびます。数値やキーワードを使って、具体的な値（どれだけ）を指定します。この場合はスタイルが文字の色であるため、色の種類から「赤」という値を設定しています。

なお、プロパティと値をまとめて「宣言」とよびます。半角波括弧の中には複数の宣言を記述することができます。宣言の区切りはセミコロンなので忘れないように記述します。スタイルを記述する際の注意点は以下のとおりです。

- ②のプロパティと、③の値は
  {}（半角波括弧）で括ります。

- ②のプロパティと、③の値は
  :（半角コロン）で区切ります。

- ③の値の後には、
  ;（半角セミコロン）を記述します。

コラム

:（コロン）の後の半角スペース

　Bracketsでコードヒントを使用してスタイルを記述する場合、宣言にある:（コロン）の後に自動的に半角スペースが挿入されます。半角スペースを入れた記述方法は一般的な書き方であるため特に削除などの必要はありません。

```
3 ▼ html{
4       font-size: 16px;
5   }
6 ▼ body{
7       color: #666666;
```

半角スペースが入る

CHAPTER 8　CSSの基礎知識

8-2-2 ▷ セレクタの記述方法

HTML文書内のどこにスタイルをマッチングさせるかを決めるのがセレクタです。ここではセレクタとしてよく使われるものについて解説します。具体的な記述方法に関してはP.129以降で解説します。

❖ 要素名を利用する

HTML文書にある要素名を使ってスタイルを適用する場所が指定できます。
たとえば、セレクタとしてpを記述すると、HTML文書に記述されているすべてのp要素にスタイルが適用されます。このようなセレクタを**タイプセレクタ**とよびます。

【CSS の例】　　　　　　　　【HTML の例】

```
p {                        <p> 内容 </p>
  color : red ;            <h1> 内容 </h1>
}                          <p> 内容 </p>
```

上記の例では、HTML文書内にあるすべてのp要素の文字の色を赤にするというスタイルを記述しています。

❖ *を利用する

*（アスタリスク）記号を使ってスタイルを適用する場所が指定できます。
たとえば、セレクタとして*と記述すると、HTML文書に記述されているすべての要素にスタイルが適用されます。このようなセレクタを**ユニバーサルセレクタ**とよびます。

【CSS の例】　　　　　　　　【HTML の例】

```
* {                        <h1> 内容 </h1>
  margin : 0 ;             < p > 内容 </p>
  padding : 0 ;
}                          すべての要素が対象
```

上記の例ではHTML文書にあるすべての要素の余白を0にするというスタイルを記述しています。

❖ 属性を利用する

HTML文書にある属性を使ってスタイルを適用する場所が指定できます。
たとえば、セレクタとしてp[lang]と記述すると、HTML文書に記述されている要素のうちlangという属性を持つp要素にスタイルが適用されます。なお属性は[ ]（半角角括弧）で囲んで記述します。このようなセレクタを**属性セレクタ**とよびます。

【CSSの例】　　　　　　　　【HTMLの例】

```
p [lang] {                <p lang="ja">内容</p>
  color : red ;
}
```

　上記の例ではHTML文書にあるlangという属性を持つp要素の文字の色を赤にするというスタイルを記述しています。この場合は、指定の属性を持っているかどうかが判断基準となり、属性値がどのようなものかは問われません。

❖ class属性を利用する

　HTML文書にあるclass属性で指定した値を使ってスタイルを適用する場所が指定できます。class属性に関してはP.90を参照してください。
　たとえば、セレクタとして.itemと記述すると、HTML文書に記述されている要素のうちitemという値のclass属性を持つ要素にスタイルが適用されます。
　なお、セレクタを記述する時は、.（ピリオド）の後にclass属性の値（クラス名）を記述します。このようなセレクタを **classセレクタ** とよびます。

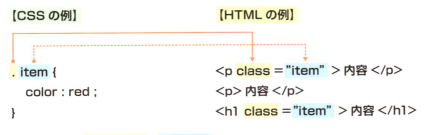

　上記の例では、HTML文書内にあるitemという値のclass属性を持つ要素の、文字の色を赤にするというスタイルを記述しています。h1とpというように、異なる要素であっても、同じ値を持つclass属性が設定されていれば、同じスタイルが適用されます。

❖ id属性を利用する

　HTML文書にあるid属性で指定した値を使ってスタイルを適用する場所が指定できます。id属性に関してはP.90を参照してください。
　たとえば、セレクタとして#wrapと記述すると、HTML文書に記述されている要素のうち、wrapという値のid属性を持つ要素にスタイルが適用されます。
　なお、セレクタを記述する時は、#（ハッシュ）の後にid属性の値（id名）を記述します。このようなセレクタを **idセレクタ** とよびます。

CHAPTER 8 CSSの基礎知識

【CSS の例】   【HTML の例】

```
# wrap {                      <div id ="wrap" >
  background-color : red ;      <p> 内容 </p>
}                              </div>
```

セレクタ名＝ # ハッシュ ＋ id 名

　上記の例では、HTML文書内にあるwrapという値のid属性を持つ要素の、背景の色を赤にするというスタイルを記述しています。

❖ 疑似クラスを利用する

　単体のセレクタでは選択できない時は、「**疑似クラス**」というものが利用できます。

　たとえば、「要素が特定の状態になった時」という状態にスタイルを適用する時などに利用します。a要素はリンクを設定する要素ですが、リンクにはいくつかの状態があります。

・そのリンクが未訪問の（まだクリックされていない）状態
・そのリンクが訪問済みの（すでにクリックしてリンク先に移動したことがある）状態
・そのリンクにマウスを重ねている（リンク先にマウスポインタが重なっている）状態
・そのリンクをクリックしている（リンク先でマウスボタンを押した）状態

　疑似クラスを使えば、a要素のそれぞれの状態に合わせてスタイルが適用できます。

　これらの状態に合わせてスタイルを定義するには、要素名の後に：（コロン）と疑似クラスの**キーワード**を記述します。

　a要素の状態に応じてスタイルを記述する場合は、a:link（未訪問の状態）、a:visited（訪問済みの状態）、a:hover（マウスを重ねている状態）、a:active（クリックしている状態）と記述します。

【CSS の例】   【HTML の例】

```
a : link {                    <a href ="index.html" > 内容 </p>
  color : orange;
}
a : visited {
  color : purple ;
}
```

セレクタ名 ＝ 要素名 ＋ : ＋ 疑似クラスキーワード

　上記の例では、HTML文書内にあるa要素で設定したリンク先が未訪問の状態であれば文字の色をオレンジに、訪問済みの状態であれば文字の色を紫にするというスタイルを記述しています。

124

❖ 疑似要素を利用する

　要素の特定の場所にスタイルを適用するためには、「**疑似要素**」というものを利用します。通常の方法では、文字列の1文字目だけにスタイルを適用することはできないので、文字列の1文字目という疑似的な要素を利用します。つまり要素内の特定の部分にアクセスするためのものです。

　要素の特定の部分にスタイルを定義するには、要素名の後に::（コロンを2つ）と疑似要素のキーワードを記述します。

　要素の1文字目だけにスタイルを定義したい場合は、::first-letter（1文字目のスタイル）、要素の1行目だけにスタイルを定義したい場合は、::first-line（1行目のスタイル）と記述します。

　要素の先頭や末尾にアイコンや文字など何らかのコンテンツを挿入したい場合は、::before、::afterと記述します。

　上記の例では、HTML文書内にあるp要素の最初の1文字目だけ、文字の色を赤にし、文字のサイズを24pxにするというスタイルを記述しています。

> 📝 **メモ**
> 疑似要素でコロンを2つ記述する方法はCSS3から採用された記述方法です。そのため一部の古いブラウザではこの方法に対応していないものがあります。その場合は、従来どおりコロンを1つ記述する方法で疑似要素を記述することがあります。

❖ 親子関係を利用する

　HTML文書にある要素名を使ってスタイルを適用することができます。

　たとえば、セレクタとしてul liを記述すると、HTML文書に記述されているul要素内にあるli要素にのみスタイルが適用され、ul要素内にないそのほかのli要素にはスタイルは適用されません。HTML文書内に同じ要素が複数ある場合は、この方法で特定の要素が指定できます。この時のセレクタを**子孫セレクタ**とよびます。

【CSSの例】　　　　　　　　　【HTMLの例】

```
ul li {
    color : red ;
}
```

```
<ul>
    <li> 内容 </li>
    <li> 内容 </li>
</ul>
<ol>
    <li> 内容 </li>
</ol>
```

上記の例では、HTML文書内のul要素内にあるli要素の文字の色を赤にするというスタイルを記述しています。ol要素内のli要素にはスタイルは適用されません。

❖ グループを利用する

いくつかのセレクタで同じスタイルを適用する場合は、セレクタを1つのグループにまとめることができます。

たとえば、セレクタとしてh1,h2を記述すると、HTML文書に記述されているh1要素とh2要素の両方に同じスタイルが適用されます。異なるセレクタを1つにまとめるにはセレクタ名を,(カンマ)で区切って記述します。このようなセレクタの記述方法を**セレクタのグループ化**とよびます。

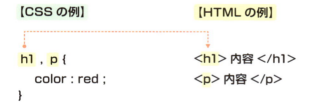

【CSSの例】　　　　　　　　　【HTMLの例】

```
h1 , p {
    color : red ;
}
```

```
<h1> 内容 </h1>
<p> 内容 </p>
```

上記の例では、HTML文書内のh1要素とp要素の文字の色を赤にするというスタイルを記述しています。

セレクタの記述方法はこれまでに紹介したもの以外にもたくさん用意されています。そのほかのセレクタについては以下を参照してください。

CSSのセレクタ
URL https://www.w3.org/TR/2011/REC-css3-selectors-20110929/

8-3 CSSファイルの作成とスタイルの記述

ここではCSSファイルを作成する方法と、スタイルを記述するための基本的なルールについて解説します。

8-3-1 CSSファイルの作成

CSSファイルの作成にはHTMLファイルと同様にBracketsを使います。ここでは新規ファイルを作成し、それをCSSファイルとして保存する方法について解説します。

1 新規ファイルを作成する

Bracketsのウィンドウに切り替えます。[ファイル]メニュー→[新規作成]の順にクリックします❶。

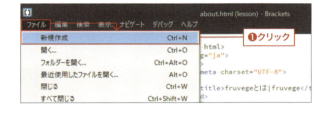

2 ファイルを保存する

新しいファイルが表示されます。このファイルをCSSファイルとしてあらかじめ保存します。[ファイル]メニュー→[保存]の順にクリックします❶。

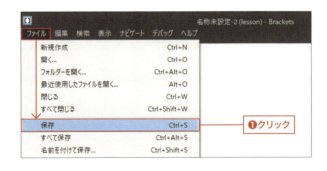

3 保存場所を設定する

[名前を付けて保存]ダイアログボックスが表示されます。保存場所を設定します。[lesson]フォルダーにあらかじめ用意されている[css]フォルダーをダブルクリックします❶。

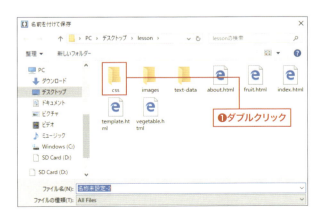

CHAPTER 8　CSSの基礎知識

4　ファイル名を設定する

保存場所がcssフォルダーに切り替わったことを確認したら❶、ファイル名（macOSの場合は[名前]）に「style.css」と入力します❷。入力が終わったら[保存]ボタンをクリックします❸。

メモ

> HTMLファイルでは、.htmlという拡張子を使いましたが、CSSファイルでは.cssという拡張子を使用します。どちらのファイルもBracketsで作成したテキストファイルですが、この拡張子を付けることで異なる種類のファイルであることを示しています。

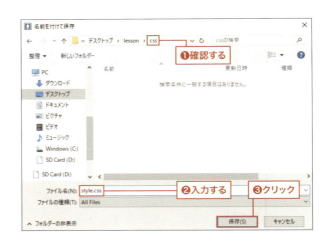

5　文字コードを入力する

作成したファイルの1行目にスタイルの記述に使用する文字コードを入力します。文字コードの指定には@charsetルールを使用します。ここではHTML文書と同じ文字コード「utf-8」を使用してスタイルの記述をするため、右のように入力します❶。入力が終わったら Enter キーを2回押して改行します❷。

`@charset␣"utf-8";`

コラム

@規則（アットルール）

CSSの機能を補うために用意されたルールを@規則（アットルール）といいます。ここでは文字コードを指定するルール「@charset」を使用しましたが、これ以外に、外部のCSSファイルを取り込む@import、webサイトを画面で見る場合と、印刷して見る場合など、使用するメディアに応じて適用するCSSファイルを振り分ける@mediaなどがあります。

8-3-2 ▶ スタイルの記述

ここでは具体的なスタイルの記述方法について解説します。

1 文字の色を定義する

body要素の文字の色を赤にするスタイルを記述します。まずはじめに、セレクタを記述します。ここではbody要素にスタイルを適用したいので、要素名の body と、{（半角波括弧）を入力します。自動的に } も入力されます❶。入力が終わったら Enter キーを押して改行します❷。

```
@charset "utf-8" ;

body{

}
```

2 プロパティを入力する

次にプロパティと値を入力します。{ }（半角波括弧）の間の行にカーソルがあることを確認し、文字の色を変更するプロパティである color と、色の値の red を右のように入力します❶。

> **メモ**
> HTMLと同様、コードヒントを利用して入力すると便利です（P.121参照）。

```
body{
    color : red ;
}
```

3 ファイルを保存する

スタイルの入力が終わったら、CSSファイルを保存します。［ファイル］メニュー→［保存］の順にクリックします❶。

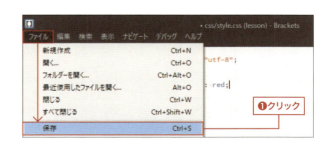

CHAPTER 8　CSSの基礎知識

8-4 CSSファイルの関連付け

ここでは作成したCSSファイルをHTMLファイルに関連付けるためにlink要素について解説します。

8-4-1 ファイルの関連付けをあらわすlink要素

CSSファイルに記述したスタイルをHTMLファイルに適用するなど、HTMLファイルと外部リソース（CSSファイルやほかのHTMLファイル）を関連付けるための要素がlink要素です。

link要素はHTMLファイルのhead要素内に記述し、href属性を使ってCSSファイル（外部リソース）の保存場所を示し、rel属性を使ってHTMLファイルと関連付けるCSSファイルの種類を指定します。ここではCSSファイルをHTMLファイルに関連付けるので、rel属性の値はstylesheetと記述します。

記述例

```
<link href="css/style.css" rel="stylesheet">
```

特に注意が必要なのが、CSSファイル（外部リソース）の保存場所を示すhref属性の値です。

この例ではlink要素を使って［css］フォルダーにある［style.css］ファイルをHTMLファイルに関連付けていますが、CSSファイルの保存場所や、ファイル名が変わればhref属性の値であるパスの書き方も異なります。

● 図8-4　link要素

8-4-2 ▶ link要素によるCSSファイルの関連付け

ここではlink要素を使って[style.css]ファイルを[index.html]ファイルに関連付け、CSSファイルに記述したスタイルを、HTMLファイルに適用します。

1 linkタグを入力する

Bracketsのサイドバーにある[index.html]をダブルクリックします❶。head要素内にファイルを関連付けるlink要素を記述します。すでに入力済みのtitle要素の上の行に右の内容を入力します❷。

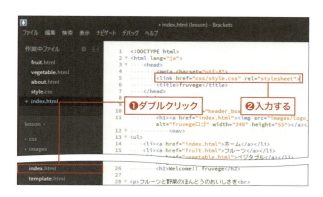

```
<link href="css/style.css" rel="stylesheet">
<title>fruvege</title>
```

2 ファイルを保存する

[ファイル]メニュー→[保存]の順にクリックし❶、[index.html]ファイルを保存します。

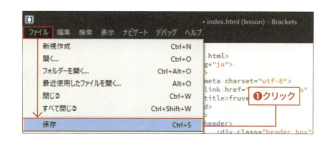

3 webブラウザの表示を確認する

Google Chromeのウィンドウに切り替えます。[style.css]ファイルが[index.html]ファイルに正しく関連付けられスタイルの記述内容に問題がない場合はリンク以外の文字が赤く表示されます。

メモ

Google Chromeが起動していない場合は、[ライブプレビュー]ボタンをクリックしてください。

CHAPTER 8　CSSの基礎知識

4　colorプロパティを編集する

Bracketsのウィンドウに切り替え、サイドバーにある［style.css］をクリックします❶。

すでに入力済みのスタイルを編集し、colorプロパティの値をグレーに変更します。ここでは色名を使わず値に16進数を使って、#666666と入力します❷。入力が終わったらファイルを保存します。

> **メモ**
> 色の指定方法や16進数についてはP.146～148で解説します。

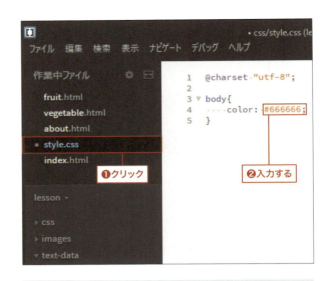

```
body{
    color : #666666 ;
}
```

5　webブラウザの表示を確認する

Google Chromeのウィンドウに切り替えます。先ほど赤く表示されていたリンク以外の文字がグレー（#666666）に変更されています。

コラム

スタイルの継承について

　colorプロパティをbody要素に定義したことで、body要素内にあるほとんどの文字の色が同じ色に変更されました。CSSではこのように親要素に設定したスタイルが、子要素に引き継がれる継承というしくみがあります。body要素の子要素にはh2要素やp要素などがあり、それらの文字の色も親要素と同じスタイルが継承されています。このようにCSSには親要素に指定したスタイルが子要素に継承されるしくみがあるので、要素ごとにスタイルを定義する必要がありません。

　ただし、プロパティによってはスタイルが継承されないもの（後述のmarginやborderプロパティなど）もあるので注意が必要です。

8-4-3 ▷ スタイルが反映されない時の対処方法

CSSファイルに記述したスタイルがHTMLファイルに反映されない場合は以下のことが考えられます。

◆スタイルの記述にミスがある

スタイルの記述にミスがあれば、スタイルは正しく反映されません。以下の手順でチェックしてみましょう。

これまでに記述したスタイルが反映されていて、新しく追加したスタイルが反映されない場合は、新しく追加したスタイルの記述をチェックします。スタイルの記述にミスがないかどうか。スタイルの宣言の最後に；(セミコロン)が抜けていないかどうかを確認します。

次にそれ以前に記述したスタイルにも問題がないかチェックします。特にスタイルの宣言の最後に；(セミコロン)が抜けていないかどうかチェックしてみましょう。；(セミコロン)が抜けているだけで、ほかのスタイルがうまく反映されないことがあります。

また宣言の最後の}の記述も忘れていないか確認しましょう。

16進数で色を指定した場合は、先頭の#(ハッシュ)を記述し忘れていないか確認しましょう。

数値を入力した場合は、その数値に正しい単位が記述されているか確認しましょう。ただし値が0の場合は単位を付ける必要はありません。

以上のポイントをチェックして記述に問題が見当たらない場合は、もう一度入力し直してみましょう。

◆link要素の記述にミスがある、またはファイルの保存場所にミスがある

CSSファイルに記述したすべてのスタイルが反映されない場合は、CSSファイルの関連付けに問題があるかもしれません。その場合は2つのポイントを確認します。

1つ目はHTMLファイルに記述したlink要素(特にhref属性の値)に間違いがないかを確認します。

2つ目はlink要素のhref属性の値に記述した場所にCSSファイルが保存されているかどうかです。ファイルの保存場所と記述が異なればスタイルは反映されません。

link要素を入力し直した場合は、HTMLファイルを保存することを忘れないように気を付けてください。

CHAPTER 8 CSSの基礎知識

練習問題

問題1. スタイルを記述する時に使用する基本的な書式の例を以下に記しています。それぞれの記号部分を何とよぶか以下の中から選んでください。

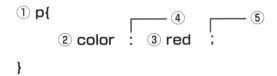

(a) 値　　(b) プロパティ　　(c) セレクタ　　(d) インデント
(e) セミコロン　　(f) コロン

問題2. セレクタの記述方法にはいろいろなものがあります。セレクタの記述方法として関連性のあるものを結びなさい。

① クラスセレクタ　　② タイプセレクタ　　③ idセレクタ
④ 子孫セレクタ　⑤疑似クラス　⑥疑似要素　⑦属性セレクタ
⑧ユニバーサルセレクタ

(a) p　　(b) ul li　　(c) #wrap　　(d) .box　　(e) a:hover
(f) h1[title]　　(g) p::first-letter　　(h) *

問題3. CSSファイルに書いたスタイルを、HTMLファイルに適用するためには、CSSファイルをHTMLファイルに関連付ける必要があります。この時に使用する要素は何ですか？

解答は 付録P.6

CHAPTER

文字のスタイルの記述

webページに表示されている文字列には、文字の大きさや太さ、使用するフォントなどさまざまなスタイルが適用できます。またそのほかに表示する位置を整えたり強調するために下線を付けたりすることもあります。ここでは文字を見やすく、読みやすくするスタイルについて学びます。

9-1	フォントのスタイル	P.136
9-2	テキストのスタイル	P.141
9-3	テキストのカラーと透明度のスタイル	P.145

CHAPTER 9　文字のスタイルの記述

9-1 フォントのスタイル

フォントとは同じデザインの一揃えの文字のことをいいます。ここではフォントに設定できるスタイルの定義方法について学びます。

9-1-1 ▷ フォントに関するプロパティ

ここではフォントに定義できるフォントサイズやフォントファミリー、フォントの太さなど代表的なプロパティの解説と具体的なスタイルの記述方法について説明します。

フォントサイズをはじめ多くのプロパティでは、値を数値で指定します。数値で指定する場合は、値の後に単位を付けて記述します。なお値が0の場合は単位を付ける必要がありません。

● 表9-1　CSSで使用する主な単位

単位	概要
em	要素のフォントサイズ（1文字の高さ）を基準とした相対単位
ex	小文字のxの高さを基準とした相対単位
rem	ルート要素のフォントサイズを基準とした相対単位
px	1ピクセルを基準とした絶対単位
%	親要素や初期値に対する割合を基準とした相対単位

❖ font-size プロパティ

font-sizeプロパティはフォントの大きさを定義するプロパティで、子要素に継承されます。つまり、h1要素に対してスタイルを設定した場合、h1要素の子要素にも同様のスタイルが適用されます。font-sizeプロパティに設定できる値には数値（px、%、em、rem）やキーワードなどがあります。数値や比率で値を指定した場合は、pxや%などの単位識別子を必ず記述します。なお代表的なブラウザでは、標準のフォントサイズを16pxとしています。

📄 記述例

```
セレクタ{
    font-size : 30px ;
}
            フォントサイズ
```

136

表9-2 font-sizeプロパティの値の例

値の例	意味
small	標準のサイズの8/9
200%	親要素のサイズの200%
2rem	ルート要素（html要素）の文字のサイズ（root em）の2倍

❖ font-family プロパティ

font-family プロパティはフォントを定義するプロパティで、子要素に継承されます。font-family プロパティに設定できる値にはフォント名（メイリオなど）またはフォントの種類を示す系統名（serif、sans-serifなど）があります。フォント名に半角のスペースが含まれる場合や日本語名の場合は、"（ダブルクォーテーション）でフォント名を囲んで記述します。このプロパティではカンマで区切って複数のフォントが指定できます。これはwebサイトを閲覧するコンピューターごとに使用できるフォントが異なるためです。複数のフォントを指定した場合は先頭のフォントから優先して使用されます。

記述例

```
セレクタ{
    font-family : Helvetica, Verdana, sans-serif ;
}
                  フォント名（3種類を指定）
```

表9-3 font-familyプロパティの値の例

値の例	意味
MS Pゴシック	MS Pゴシックを使用
Meiryo	メイリオを使用
serif	セリフ系のフォントを使用
sans-serif	サンセリフ系のフォントを使用

Sans-Serif **Aa** Serif **Aa** 明朝 **永あ** ゴシック **永あ**

● 図9-1　フォントの種類

❖ font-weight プロパティ

font-weight プロパティはフォントの太さ（描線の太さ）を定義するプロパティで、子要素に継承されます。font-weight プロパティに設定できる値にはキーワードや太さを示す100〜900までの100きざみの9段階の数値などがあります。ただし一般的なフォントでは9段階の太さのデータを持っておらず、指定した太さに近い使用可能な太さのフォントが使用されます。

CHAPTER 9 文字のスタイルの記述

 記述例

```
セレクタ{
    font-weight : bold ;
}
```
太さ

● 表9-4 font-weightプロパティの値の例

値の例	意味
normal	通常の太さで表示する400というキーワードと同じ
bold	太字で表示する700というキーワードと同じ
900	Black（最も太い）

❖ font-styleプロパティ

　font-styleプロパティはフォントのスタイルを定義するプロパティで、子要素に継承されます。font-styleプロパティに設定できる値には、italic（イタリック体）やoblique（オブリーク体・斜体）、normal（標準）があります。italic体を設定した場合は、はじめから傾いた状態でデザインされているフォントが使用され、oblique体は傾いていない垂直のフォントを単純に斜めに倒した状態のものが使用されます。一般的な日本語のフォントはitalic体を持っていないので、斜体を使用しています。

記述例

```
セレクタ{
    font-style : italic ;
}
```
フォントスタイル

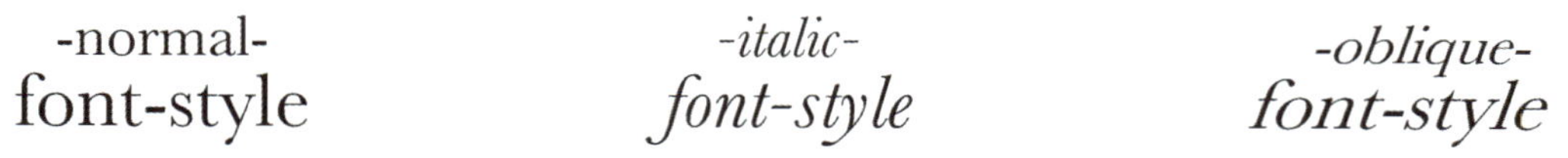

-normal- font-style　　　*-italic-* *font-style*　　　*-oblique-* *font-style*

● 図9-2　スタイルの違い（normal/italic/oblique）

● 表9-5　font-styleプロパティの値の例

値の例	意味
normal	通常の状態で表示する
italic	イタリック体（傾いた状態でデザインされたフォント）で表示する
oblique	オブリーク体（垂直のフォントを斜めに倒したフォント）で表示する

9-1-2 ▷ フォントに関するスタイルの設定

これまでに解説したスタイルを使って、各要素にスタイルを定義します。スタイルはこれまでに作成した［style.css］ファイルに追加記述します。

1 フォントサイズを設定する①

Bracketsのウィンドウに切り替え、［style.css］ファイルが開いていることを確認します。［index.html］ファイルのおおもとであるhtml要素（ルート要素）のフォントサイズを16pxにするスタイルを入力します❶。なおこのスタイルは先に記述しているbodyのスタイルよりも前に記述します。

> **📖 メモ**
>
> webサイト全体のデフォルトとなるスタイルを設定するにはhtml要素やbody要素といったHTML文書の根幹（ルート）になる部分にスタイルを設定します。

```
html{
     font-size : 16px ;
}
```

2 フォントサイズを設定する②

h2要素のフォントサイズを設定するスタイルを入力します❶。h2要素のフォントサイズはルート要素（html要素）に設定したサイズを基準とし、その3倍のサイズになるようにremという相対単位を使って設定します。（3rem=16px×3 = 48px）なおこのスタイルはbodyに設定したスタイルの後に記述します。

```
h2{
     font-size : 3rem ;
}
```

3 フォントファミリーを設定する

body要素に記述されているすべてのテキストで使用するフォントファミリーを設定するスタイルを追加入力します❶。ここではサンセリフ系のフォントが使用されるように設定します。またh2要素のフォントにはArialを、それがない場合はサンセリフ系のフォントが使用されるように2つのフォントをカンマで区切ってスタイルを入力します❷。

```
body{
    color : #666666 ;
    font-family : sans-serif ;
}

h2{
    font-size : 3rem ;
    font-family : Arial , sans-serif ;
}
```

メモ

sans-serifを指定した場合Google Chromeでは、デフォルトフォントとして、Windowsでは「メイリオ」、macOSでは「ヒラギノ角ゴ ProN」が設定されています。現在設定されているデフォルトフォントはchrome://settings/fontsにアクセスすると確認できます。

4 フォントの太さを設定する

strong要素に記述されているフォントの太さを設定するスタイルを入力します❶。strong要素に設定された文字列は一般的なブラウザでは太字で表示されるため、ここでは標準の太さになるように設定します。入力が終わったらファイルを保存します。

```
strong{
    font-weight : normal ;
}
```

5 ブラウザの表示を確認する

Google Chromeのウィンドウに切り替えます。フォントのサイズやフォントファミリー、フォントの太さなど記述したスタイルが反映されているか確認します。

9-2 テキストのスタイル

9-2 テキストのスタイル

テキストはデザインに応じて位置を揃えたり、下線を付けたりできます。ここではテキストに設定できるスタイルの定義方法について学びます。

9-2-1 テキストに関するプロパティ

ここではテキストに定義できる行揃えや下線の設定、文字や行の間隔など代表的なプロパティの解説と具体的なスタイルの記述方法について説明します。

❖ text-align プロパティ

text-align プロパティは行揃えを定義するプロパティで、子要素に継承されます。text-align プロパティに設定できる値には水平方向の位置を示す left、center、right などがあります。

記述例

```
セレクタ{
    text-align : center ;
}
                     行揃え
```

● 表9-6 text-align プロパティの値の例

値の例	意味
left	左揃えで表示する
center	中央揃えで表示する
right	右揃えで表示する

❖ text-decoration プロパティ

text-decoration プロパティはテキストを装飾するプロパティです。text-decoration に設定できる値には、テキストの下にボーダーを引く underline、テキストの上にボーダーを引く overline、などがあります。設定したボーダーは、値を半角空白で区切ってスタイルとカラーも同時に設定できます。ボーダーのスタイルに関しては P.153 を参照してください。

141

CHAPTER 9　文字のスタイルの記述

📝 記述例

```
セレクタ{
    text-decoration : underline double #ff0000 ;
}
                       種類      スタイル    カラー
```

● 表9-7　text-decorationプロパティの値の例

値の例	意味
none	テキストを装飾しない
underline	テキストに下線を引く
overline	テキストに上線を引く

❖ letter-spacingプロパティ

letter-spacingプロパティは文字の間隔を定義するプロパティで、子要素に継承されます。文字の間隔を適切に調整することで小さい文字でも読みやすくなります。letter-spacingに設定できる値には、px、em、キーワードなどがあります。

📝 記述例

```
セレクタ{
    letter-spacing : 3px ;
}
                   文字の間隔
```

● 表9-8　letter-spacingプロパティの値の例

値の例	意味
normal	標準の文字間隔
1em	文字の間隔を1emにする
3px	文字の間隔を3pxにする

letter-spacingプロパティを設定した時のブラウザでの表示の違いは、以下の図を確認してください。

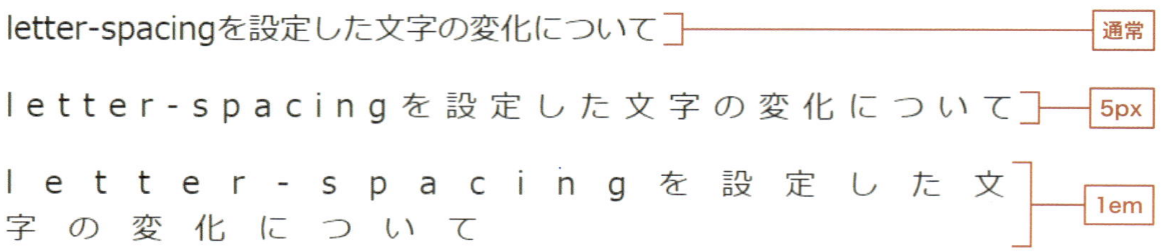

letter-spacingを設定した文字の変化について　──　通常

ｌｅｔｔｅｒ-ｓｐａｃｉｎｇを設定した文字の変化について　──　5px

ｌｅｔｔｅｒ-ｓｐａｃｉｎｇを設定した文字の変化について　──　1em

● 図9-3　文字の間隔

❖ line-height プロパティ

line-height プロパティは行の高さを定義するプロパティで、子要素に継承されます。行の高さを調整することで、長い文章も読みやすく表示できます。line-height プロパティに設定できる値にはフォントサイズと間隔を合わせた値を数値や比率で指定します。

記述例

```
セレクタ{
    line-height : 2 ;
}                行の高さ
```

● 表9-9　line-heightプロパティの値の例

値の例	意味
2	フォントサイズの2倍の高さにする
200%	フォントサイズの2倍の高さにする
30px	行の高さを30pxにする

スタイルを適用した文章

8px

16px

32px

8px

● 図9-4　行の高さ

9-2-2 ▷ テキストに関するスタイルの設定

これまでに解説したスタイルを使って、各要素にスタイルを定義します。スタイルはこれまでに作成した[style.css]ファイルに追加記述します。

1　テキストの行揃えを設定する

footer要素のテキストの位置を設定するスタイルを入力します❶。ここではfooter要素の行揃えを右端揃えにします。そこに含まれるロゴとテキストにもスタイルが継承され右端に表示されます。なおこのスタイルは先に記述したstrongスタイルの後に記述します。

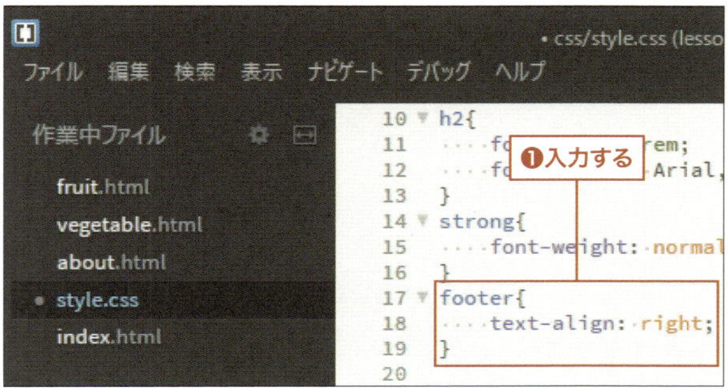

```
footer{
    text-align : right ;
}
```

CHAPTER 9　文字のスタイルの記述

2　文字の間隔を設定する

テキストの1文字ずつの間隔を設定するスタイルを入力します❶。ここではwebサイト全体の文字の間隔を変更したいので、2pxずつ文字の間隔が開くようにbody要素にスタイルを設定します。

```
1   @charset "utf-8";
2
3 ▼ html{
4       font-size: 16px;
5   }
6 ▼ body{
7       color: #666666;
8       font-family: sans-serif;
9       letter-spacing: 2px;
10  }
```

❶入力する

```
body{
    color : #666666 ;
    font-family : sans-serif ;
    letter-spacing : 2px ;
}
```

3　行の高さを設定する

p要素のテキストの行の高さを設定するスタイルを入力します❶。ここではp要素のテキストの行の高さがフォントサイズの2倍になるように設定します。なおこのスタイルは先に記述したfooterスタイルの後に記述します。入力が終わったらファイルを保存します。

```
15 ▼ strong{
16      font-weight: normal;
17   }
18 ▼ footer{
19      text-align: right;
20   }
21 ▼ p{
22      line-height: 2;
23   }
24
25
26
27
```

❶入力する

```
p{
    line-height : 2 ;
}
```

4　ブラウザの表示を確認する

Google Chromeのウィンドウに切り替えます。行揃えや文字間隔、行の高さなど記述したスタイルが反映されているか確認します。

行の高さが変更された

文字の間隔が変更された

行揃えが右になった

9-3 テキストのカラーと透明度のスタイル

CSSではテキストのカラーをはじめ、さまざまなスタイルでカラーを使用できます。ここではテキストのカラーと、透明度のスタイルの定義方法について学びます。

9-3-1 ▷ カラーに関するプロパティ

ここでは文字の色や透明度など色に関する代表的なプロパティとスタイルの記述方法について解説します。また特定の色を指定する場合の値の記述方法についても複数説明します。

❖ color プロパティ

colorプロパティはテキストのカラーを定義するプロパティで、子要素に継承されます。colorプロパティに設定できる値には、キーワードやRGB値などいろいろな方法が用意されています。色の値の指定方法についてはP.146で解説します。

記述例

```
セレクタ{
    color : red ;
}           色
```

● 表9-10　colorプロパティの値の例

値の例	意味
red	キーワードで赤色を指定
#ff0000	RGB値を16進数で指定（赤色）
rgb(255,0,0)	RGB値を0から255までの256段階で指定（赤色）

❖ opacity プロパティ

opacityプロパティは透明度を定義するプロパティで、子要素には継承されません。値は0から1の間で設定でき、値を0にした場合は完全な透明に、値を1にした場合は完全な不透明に設定されます。

CHAPTER 9　文字のスタイルの記述

記述例

```
セレクタ{
    opacity : 0.5 ;
}
```
　　　　　　　　　　透明度

● 表9-11　opacityプロパティの値の例

値の例	意味
0	透明にする
1	不透明にする
0.5	半透明にする

9-3-2　カラーの記述方法について

　colorプロパティをはじめとし、CSSではプロパティの値にカラーを指定するものが複数あります。ここでは代表的な色の値の記述方法について解説します。

❖ キーワードでの指定方法

　CSSでは基本色として16種類の色名が用意されており、それらを使ってカラーが指定できます（図9-5参照）。またこれら以外に拡張色（X11カラー）とよばれるものも用意されており、147種類から色が指定できます。拡張色に使用できるキーワードについては以下を参照してください。

拡張色に使用できるキーワード
URL https://www.w3.org/TR/css3-color/#svg-color

記述例

```
セレクタ{
    color : aqua ;
}
```
　　　　　　　　基本色名

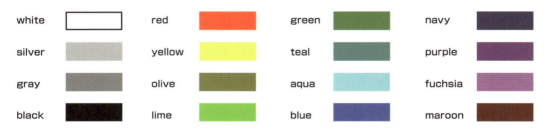

● 図9-5　ベーシックカラーキーワード

❖ RGBでの指定方法

赤（R）、緑（G）、青（B）の混色値を使用して色を指定します。RGBそれぞれの色の明るさを0（暗い）から255（明るい）の256段階の整数で指定します。値はrgbの文字列の後に（）を記述し、その中に各色の値をカンマで区切り（R,G,B）のように記述します。またrgba（R,G,B,A）のように値の最後に透明度（alpha）の値を0から1までの範囲で指定することも可能です。

記述例

```
セレクタ{
    color : rgb ( 255,0,0 ) ;
}
              RGB値
```

記述例

```
セレクタ{
    color : rgba ( 255,255,0,0.5 ) ;
}
              RGB値と透明度
```

● 表9-12　colorプロパティの値の例（rgb）

値の例	意味
rgb(0,0,0)	RGBともに一番暗い状態＝黒
rgb(255,255,255)	RGBともに一番明るい状態＝白
rgb(255,0,0)	Rのみ明るく、ほかは暗い状態＝赤
rgb (255,255,0)	RGが明るく、Bが暗い状態＝黄色

カラーは16進数を使って指定することもできます。この方法では0から9とAからFまでの16個の数値またはアルファベットを使って値を指定します。値は先頭に#（ハッシュ）を記述しその後にRGBそれぞれ2桁ずつの合計6桁を#RRGGBBというように記述します。

なお#FF00CCのように各色の値の2文字が同じ場合は1文字に省略して#F0Cのように3桁で記述することも可能です。アルファベットは大文字・小文字のどちらでも使用可能ですが、混在せずどちらか一方に決めておいたほうがよいでしょう。

記述例

```
セレクタ{
    color : #FF0000 ;
}
              16進数
```

CHAPTER 9　文字のスタイルの記述

● 表9-13　colorプロパティの値の例（16進数）

値の例	意味
#000000	RGBともに一番暗い状態＝黒
#FFFFFF	RGBともに一番明るい状態＝白
#FF0000	Rのみ明るく、ほかは暗い状態＝赤
#FFFF00	RGが明るく、Bが暗い状態＝黄色

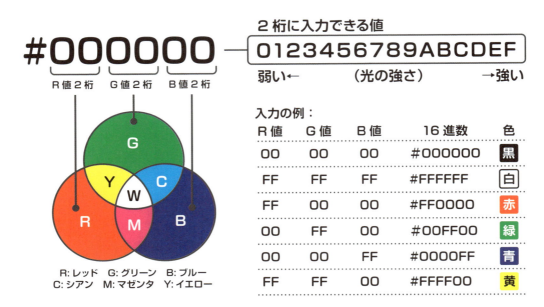

● 図9-6　16進数での色の指定

● 図9-7　16進数色見本

9-3-3 テキストのカラーに関するスタイルの設定

これまでに解説したスタイルを使って、各要素にスタイルを定義します。スタイルはこれまでに作成した［style.css］ファイルに追加記述します。

1 テキストのカラーを設定する①

Bracketsのウィンドウに切り替えます。h2要素のテキストのカラーを設定するスタイルを追加入力します❶。ここでは現在グレーで表示されているh2要素のテキストのカラーを黒に設定するスタイルを記述します。

```
h2{
    font-size : 3rem ;
    font-family : Arial , sans-serif ;
    color : #000000 ;
}
```

2 テキストのカラーを設定する②

strong要素のテキストのカラーを設定するスタイルを追加入力します❶。ここでは現在グレーで表示されているstrong要素のテキストのカラーをオレンジ色に設定するスタイルを記述します。入力が終わったらファイルを保存します。

```
strong{
    font-weight : normal ;
    color : #ee7600 ;
}
```

3 ブラウザの表示を確認する

Google Chromeのウィンドウに切り替えます。記述したテキストのカラーに関するスタイルが反映されているか確認します。

カラーが変更された

CHAPTER 9　文字のスタイルの記述

練 習 問 題

問題1. 以下のスタイルを定義したい場合に使用するプロパティ名を答えてください。

①フォントサイズを定義する

②フォントを定義する

③フォントの太さを定義する

④行揃えを定義する

⑤テキストの装飾（下線など）を定義する

⑥文字の間隔を定義する

⑦行の高さを定義する

⑧文字の色を定義する

⑨透明度を定義する

解答は　付録P.6

CHAPTER

10

背景やボーダーの
スタイルの記述

webページ全体や、掲載されている文字列などそれぞれの場所には背景や罫線が設定できます。これらを定義することで、情報を区分したり複数の情報を1つにまとめたりすることができます。また適切な余白を設けることで情報を見やすくすることもできます。ここでは背景や罫線、余白に関するスタイルについて学びます。

10-1	背景とボーダーのスタイル	P.152
10-2	ボックスのスタイル	P.162
10-3	ほかのファイルの関連付け	P.170

CHAPTER 10 背景やボーダーのスタイルの記述

10-1 背景とボーダーのスタイル

テキストや画像などほとんどの要素にはボーダーとよばれる罫線や背景が設定できます。ここではボーダーや背景に関するプロパティの定義方法について解説します。

10-1-1 ▷ ボーダーに関するプロパティ

コンテンツの周囲に表示できるボーダーは複数のプロパティの組み合わせで成り立っています。ここではボーダーに関する代表的なプロパティの解説と具体的なスタイルの記述方法について説明します。

❖ border-width プロパティ

border-width プロパティは要素の周りの上下左右に表示させるボーダーの太さを定義するプロパティです。border-width プロパティに設定できる値には、ボーダーの太さを示す数値やキーワードがあります。なお、値は1つから4つまで半角スペースで区切って指定できます。1つだけ指定した場合は上下左右すべて同じ太さになります。そのほかの値の記述方法については P.165 のプロパティの簡略化を参照してください。

📄 **記述例**

```
セレクタ{
    border-width : 1px ;
}
                    太さ
```

● 表10-1　border-width プロパティの値の例

値の例	意味
thin	ボーダーを細くする
medium	ボーダーを中間の太さにする
thick	ボーダーを太くする
3px	ボーダーを3pxにする

152

❖ border-style プロパティ

border-style プロパティは要素の周りの上下左右に表示させるボーダーのスタイルを定義するプロパティです。border-style プロパティに設定できる値には実線の solid や点線の dotted などがあります。なお、値は1つから4つまで半角スペースで区切って指定できます。1つだけ指定した場合は上下左右すべて同じスタイルになります。そのほかの値の記述方法については P.165 のプロパティの簡略化を参照してください。

| solid | ————————— | dashed | - - - - - - - - - - - |
| dotted | ·················· | double | ═══════════ |

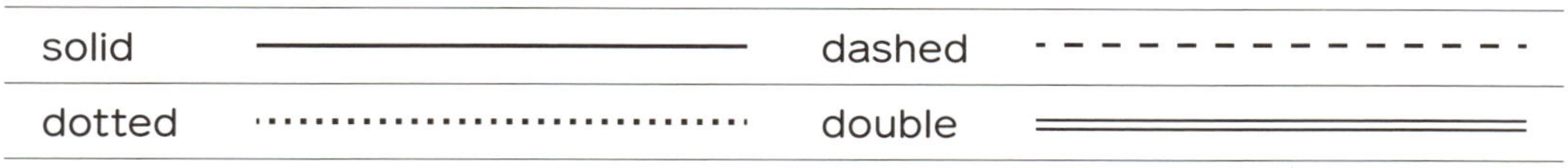

● 図10-1　border-style の表示例

記述例

```
セレクタ{
    border-style : solid ;
}
                    スタイル
```

● 表10-2　border-style プロパティの値の例

値の例	意味
none	ボーダーをなしにする
dotted	ボーダーを点線にする
dashed	ボーダーを破線にする
solid	ボーダーを実線にする
double	ボーダーを二重線にする

❖ border-color プロパティ

border-color プロパティは要素の周りの上下左右に表示させるボーダーのカラーを定義するプロパティです。border-color プロパティに設定できる値にはキーワードや RGB 値などがあります。カラーの指定については P.146 を参照してください。なお、値は1つから4つまで半角スペースで区切って指定できます。1つだけ指定した場合は上下左右すべて同じカラーになります。そのほかの値の記述方法については P.165 のプロパティの簡略化を参照してください。

CHAPTER 10　背景やボーダーのスタイルの記述

記述例

```
セレクタ{
    border-color : red ;
}
                      色
```

● 表10-3　border-color プロパティの値の例

値の例	意味
red	キーワードで赤色を指定
#ff0000	RGB値を16進数で指定（赤色）

❖ border プロパティ

　border プロパティはこれまでに解説したボーダーの太さやスタイル、カラーなどをまとめて記述できるプロパティです。値にはボーダーの太さとスタイルとカラーの3つを半角スペースで区切って記述します。記述はどの順番でもかまいません。この方法で記述した場合、要素の周りの上下左右すべてに同じスタイルが設定されます。

記述例

```
セレクタ{
    border : 1px solid #ff0000 ;
}
             太さ  スタイル    色
```

❖ border-left , border-right , border-top , border-bottom プロパティ

　特定の場所のみにボーダーを定義するには、border プロパティの後に位置情報を追加してプロパティを記述します。この方法では上下左右の特定の1か所だけにスタイルを記述できるほか、上下左右それぞれに異なるスタイルを定義できます。

記述例

```
セレクタ{
    border-left : 1px solid #ff0000 ;
}
        位置    太さ  スタイル    色
```

❖ border-radius プロパティ

　border-radius プロパティはボーダーの角の丸さを定義するプロパティで、子要素に継承されません。border-radius プロパティの値には角を丸くする曲線の半径を数値で指定します。

　なお、値は1つから4つまで半角スペースで区切って指定できます。値を1つだけ記述

した場合はすべての角が同じ丸さになりますが、4つの角をそれぞれ異なる丸さにしたい場合は左上、右上、右下、左下の順に値を半角スペースで区切って記述します。また、横方向と縦方向で半径が異なる楕円形を指定する場合は値をスラッシュで区切って横/縦の順に記述します。

特定の角だけを丸くしたい場合はborder-top-left-radiusのようにプロパティの中央に位置を指定するキーワード（-top-right、-bottom-right、-bottom-left）を入力します。

記述例

```
セレクタ{
    border-radius : 20px ;
}
```
角丸の半径

● 表10-4　border-radiusプロパティの値の例

宣言の例	意味
border-radius : 10px	すべての角丸の半径を10pxにする
border-radius : 20px/10px	すべての角丸の半径を横20pxに、縦10pxにする
border-top-right-radius : 10px	右上の角丸の半径を10pxにする
border-radius : 10px 5px	左上と右下の角丸の半径を10pxに、右上と左下の角丸の半径を5pxにする

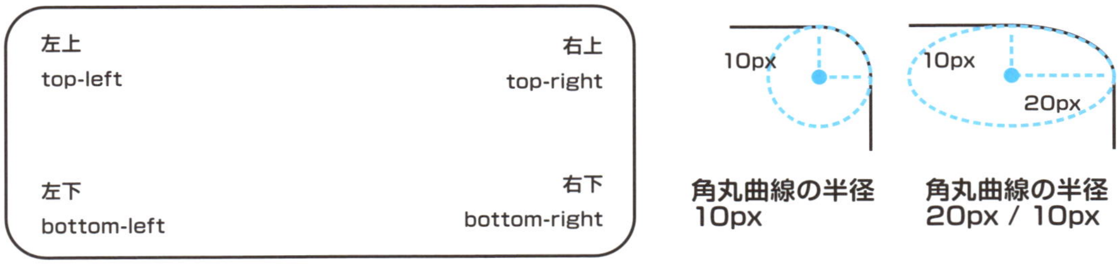

● 図10-2　border-radiusの角丸の指定

● 図10-3　角丸の形状の例

10-1-2 ▷ 背景に関するプロパティ

ここではコンテンツの背面に定義できる背景色や背景画像など背景に関する代表的なプロパティの解説と具体的なスタイルの記述方法について説明します。

❖ background-color プロパティ

background-color プロパティは背景にカラーを定義するプロパティで、子要素に継承されません。background-color プロパティに設定できる値にはキーワードやRGB値などがあります。カラーの指定についてはP.146を参照してください。背景のカラーに透明度を設定するにはRGBA値を使ってカラーを設定します。

記述例

```
セレクタ{
    background-color : pink ;
}
                       色
```

● 表10-5　background-color プロパティの値の例

値の例	意味
blue	キーワードで青色を指定
#0000ff	RGB値を16進数で指定（青色）
rgba (0,0,255,0.5)	RGBA値で指定（青色の半透明）

❖ background-image プロパティ

background-image プロパティは背景画像を定義するプロパティで、子要素に継承されません。値には画像ファイルのURLを指定します。複数のURLをカンマで区切って記述することで画像を重ねて表示できます。この時最初に指定した画像が一番上に表示されます。

記述例

```
セレクタ{
    background-image : url (back.jpg) ;
}
                      背景画像
```

● 表10-6　background-image プロパティの値の例

値の例	意味
url（back.jpg）	back.jpgという画像を使用する
url（back1.png）, url（back2.png）	back1.pngとback2.pngの2つの画像を使用する

❖ background-repeatプロパティ

背景に指定した画像は初期設定では水平・垂直に繰り返してタイル状に表示されます。画像の繰り返し方法を設定するにはbackground-repeatプロパティを使います。値には、水平・垂直方向に画像を繰り返すrepeat、水平方向（横）にだけ画像を繰り返すrepeat-xや垂直方向（縦）に画像を繰り返すrepeat-yなどがあります。

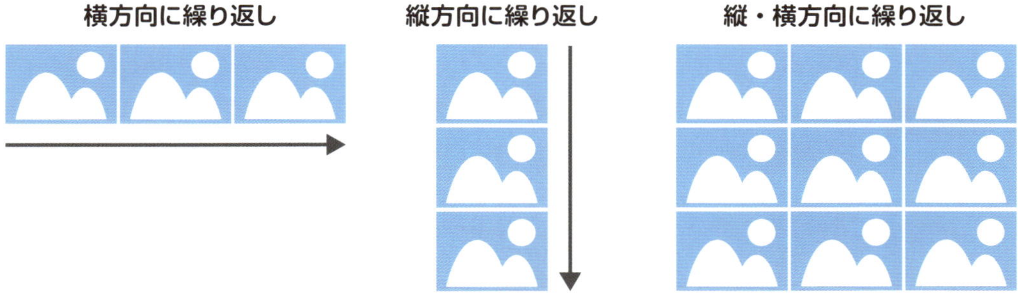

横方向に繰り返し　　縦方向に繰り返し　　縦・横方向に繰り返し

● 図10-4　画像の繰り返し

記述例

```
セレクタ{
    background-image : url (back.jpg) ;
    background-repeat : repeat-x ;
}
```
繰り返し方法

● 表10-7　background-repeatプロパティの値の例

値の例	意味
no-repeat	画像を繰り返さない（1つだけ表示）
repeat-x	横方向にのみ画像を繰り返す
repeat-y	縦方向にのみ画像を繰り返す
repeat	縦・横どちらの方向にも画像を繰り返す

❖ background-positionプロパティ

background-positionプロパティは、背景画像を表示する位置を定義するプロパティです。値にはキーワードや数値が設定でき、横方向の位置と縦方向の位置を半角スペースで区切って記述します。横方向はleftとrightが、縦方向はtopとbottomが指定でき、縦横ともに中央はcenterと指定します。

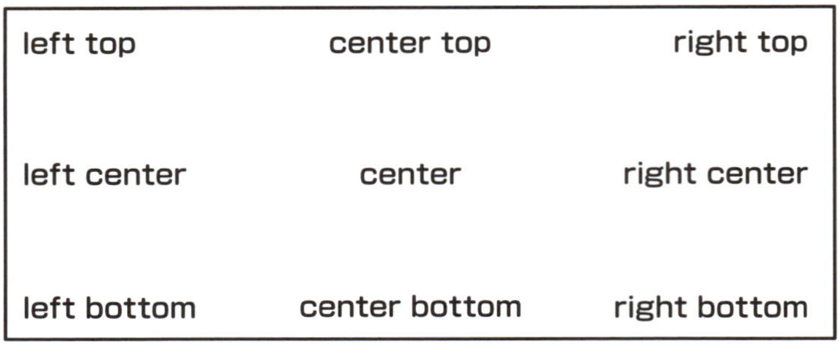

CHAPTER 10 背景やボーダーのスタイルの記述

```
left top              center top            right top

left center           center                right center

left bottom           center bottom         right bottom
```

● 図10-5 背景画像を表示する位置

 記述例

```
セレクタ{
    background-position : left center ;
}
                         横位置 縦位置
```

● 表10-8 background-positionプロパティの値の例

値の例	意味
left	横方向の左に表示
center	横方向、縦方向の中央に表示
right	横方向の右に表示
top	縦方向の上に表示
bottom	縦方向の下に表示

❖ background-sizeプロパティ

　background-sizeプロパティは、背景画像の表示サイズを定義するプロパティです。値には数値やキーワードが指定できます。背景画像のサイズを指定する場合は、横幅と高さを半角スペースで区切って記述します。領域全体に画像が収まるように設定するにはcontainを、領域全体を覆うサイズに設定するにはcoverを設定します。

 記述例

```
セレクタ{
    background-size : cover ;
}
                    表示サイズ
```

● 表10-9　background-sizeプロパティの値の例

値の例	意味
100px	幅と高さを100pxにする
100px 200px	幅を100px　高さを200pxにする
auto	オリジナルのサイズで表示
contain	領域全体に画像が収まるサイズ
cover	領域全体を覆うサイズ

❖ backgroundプロパティ

　backgroundプロパティはこれまでに解説した背景のカラーや背景画像など背景に関するプロパティをまとめて設定できるプロパティです。設定したい値は半角スペースで区切って記述します。ただしbackground-sizeの値は、半角スラッシュで区切って記述します。

記述例

```
セレクタ{
    background : red url(back.jpg) repeat left top /auto ;
}
              背景色    背景画像    繰り返し方法 横位置 縦位置 表示サイズ
```

コラム ☕

背景に関するその他のプロパティ

　背景に関するプロパティは本書で紹介した以外にも、背景画像のスクロール方法を設定するbackgrounnd-attachmentや、背景色や背景画像の描画領域を設定するbackground-clip、背景画像を表示する際の基準位置を決めるbackground-originなどがあります。これらの値もbackgroundプロパティで一括で指定できます。これらのプロパティに関する詳細はhttps://www.w3.org/TR/css-backgrounds-3/を参照してください。

❖ box-shadowプロパティ

　box-shadowプロパティは影を定義するプロパティで、子要素に継承されません。値には縦方向と横方向の影の距離を半角スペースで区切って数値で指定します。この距離をオフセットといいます。このほかに影のぼかし、影の色、影を内側に付ける設定などがあります。

CHAPTER 10　背景やボーダーのスタイルの記述

記述例

```
セレクタ{
    box-shadow : 10px 10px  5px gray ;
}
                    横    縦    ぼかし  影の色
```

● 表10-10　box-shadowプロパティの値の例

値の例	意味
10px 10px 5px gray	右と下に10pxの影を付け5pxぼかす。影の色はグレー
-10px -10px 5px gray	左と上に10pxの影を付け5pxぼかす。色はグレー
5px 5px 10px gray inset;	右と下に5pxの影を付け10pxぼかす。色はグレー、内側に影を付ける

10-1-3 ▷ ボーダーと背景に関するスタイルの設定

　これまでに解説したスタイルを使って、各要素にスタイルを定義します。スタイルはこれまでに作成した［style.css］ファイルに追加記述します。

1　ボーダーを設定する①

Bracketsのウィンドウ［style.css］に切り替えます。header要素の下部分に表示するボーダーのスタイルを入力します❶。ボーダーは5pxの太さの点線で赤系の色にします。

```
header{
    border-bottom : 5px dotted #d7301d ;
}
```

2　ボーダーを設定する②

h2要素の左側部分に表示するボーダーのスタイルを追加入力します❶。ボーダーは30pxの太さの実線で赤系の色にします。

```
h2{
    font-size : 3rem ;
    font-family : Arial , sans-serif ;
    color : #000000 ;
    border-left : 30px solid #d7301d ;
}
```

3 角を丸くする

h2要素の左側に設定したボーダーの左上と左下の角を丸くするスタイルを追加入力します❶。左上と左下の角の丸さの半径は10pxにし、それ以外の角は丸くしないので0を設定します。

```
11  h2{
12      font-size: 3rem;
13      font-family: Arial,sans-serif;
14      color: #000000;
15      border-left: 30px solid #d7301d;
16      border-radius: 10px 0 0 10px;
17  }
18  strong{
```

❶入力する

```
h2{
    font-size : 3rem ;
    font-family : Arial , sans-serif ;
    color : #000000 ;
    border-left : 30px solid #d7301d ;
    border-radius : 10px 0 0 10px ;
}
```

4 背景と文字のカラーを設定する

footer要素の背景にカラーを定義するスタイルを追加入力します❶。背景のカラーは緑色系の色にします。また背景の色が濃くなったので、footer内のテキストのカラーを白にするスタイルも同時に記述します。入力が終わったらファイルを保存します。

```
21  }
22  footer{
23      text-align: right;
24      background-color: #486b0b;
25      color: #ffffff;
26  }
27  p{
28      line-height: 2;
29  }
30  header{
31      border-bottom: 5px dotted #d7301d;
32  }
```

❶入力する

```
footer{
    text-align : right ;
    background-color : #486b0b ;
    color : #ffffff ;
}
```

5 ブラウザの表示を確認する

Google Chromeのウィンドウに切り替えます。ボーダーや背景のカラーなど記述したスタイルが反映されているか確認します。

ボーダーが追加された
角が丸くなった
背景色が設定された

CHAPTER 10　背景やボーダーのスタイルの記述

10-2 ボックスのスタイル

HTMLに記述された要素をブラウザで表示した時、ボックスとよばれる四角い領域を生成します。ここではボックスの基礎知識と定義できるプロパティについて解説します。

10-2-1 ボックスについて

HTMLに記述した要素に背景色やボーダーを設定すると四角い領域が生成されブラウザで表示されています。**要素の内容を表示する四角い領域をボックスとよびます**。ボックスには内容を表示するコンテンツエリアという領域をはじめとし、全部で4つの領域で構成されています。

❖ ボックスモデルについて

要素により生成されるボックスには4つの領域があり、それぞれが入れ子構造で構成されています。中心にあるのがコンテンツエリアで、ほかの領域はコンテンツエリアを上下左右に取り囲むように配置されています。

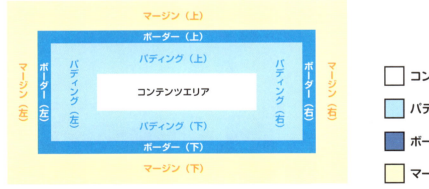

●図10-6　ボックスモデル

・コンテンツエリア
　ボックスの一番内側にある領域で、テキストやイメージなど要素の内容が表示される領域。

・パディングエリア
　コンテンツエリアの周囲の領域。コンテンツエリアとボーダーエリアの間にある余白。

162

・ボーダーエリア

　コンテンツエリアとパディングエリアを囲む領域。

・マージンエリア

　ボーダーエリアの周囲の領域。ボーダーの外側にありほかのボックスとの間にある余白。

　前述のborderプロパティを使って定義したスタイルはボーダーエリアに表示されます。またbackgroundプロパティを使って定義した背景色（背景画像）はスタイルの指定が特になければコンテンツエリア、パディングエリア、ボーダーエリアに表示されます。

10-2-2 ▶ ボックスに関するプロパティ

　ここではボックスモデルで解説したそれぞれの領域に定義できる代表的なプロパティの解説と具体的なスタイルの記述方法について説明します。

❖ paddingプロパティ

　paddingプロパティはコンテンツエリアとボーダーエリアの間に余白を定義するプロパティで、子要素には継承されません。テキストやイメージなどのコンテンツと、ボーダーの間に余白が必要な場合などに使用します。値には数値や比率などが設定でき、値を1つ記述した場合は上下左右に同じ余白が定義されます、上下左右で異なる余白を指定する場合は値を半角スペースで区切って記述します。

記述例

```
セレクタ{
    padding : 30px ;
}
              コンテンツエリア周囲の余白
```

● 表10-11　paddingプロパティの値の例

値の例	意味
30px	コンテンツエリアの周囲に30pxの余白を設定する
10px 20px 30px 40px	上に10px右に20px下に30px左に40pxの余白を設定する

❖ marginプロパティ

　marginプロパティはボーダーエリア外側の周囲に余白を定義するプロパティで、子要素には継承されません。ほかの要素との間に余白が必要な場合などに使用します。値には数値や比率、autoなどが設定でき、値を1つ記述した場合は上下左右に同じ余白が定義されます、上下左右で異なる余白を指定する場合は値を半角スペースで区切って記述します。

CHAPTER 10　背景やボーダーのスタイルの記述

記述例

```
セレクタ{
    margin : 30px ;
}
```
　　　　　　ボーダー外側の余白

●表10-12　marginプロパティの値の例

値の例	意味
30px	ボーダー外側の余白を30pxにする
10px 30px	ボーダー外側の余白を上下10px、左右30pxにする

❖ widthプロパティ

　widthプロパティはボックスの横幅を定義するプロパティで、子要素には継承されません。値には数値や比率などが設定できます。要素によっては、特に横幅の指定がなければボックスの横幅はブラウザ画面いっぱいに表示されます。ただし親要素に横幅が定義されている場合は、それに応じたサイズになります。
　またこのほかに、要素の最小幅を指定するmin-widthプロパティや、要素の最大幅を指定するmax-widthプロパティなどもあります。

記述例

```
セレクタ{
    width : 100px ;
}
```
　　　　　　横幅

●表10-13　widthプロパティの値の例

値の例	意味
100px	ボックスの横幅を100pxにする
50%	ボックスの横幅を50%にする

❖ heightプロパティ

　heightプロパティはボックスの高さを定義するプロパティで、子要素には継承されません。要素によっては、特に指定がなければコンテンツに応じた高さで表示されます。heightプロパティに設定できる値には数値や比率などがあります。

記述例

```
セレクタ{
    height : 100px ;
}
```
高さ

● 表10-14　heightプロパティの値の例

値の例	意味
100px	ボックスの高さを100pxにする
50%	ボックスの高さを50％にする

10-2-3 ▷ プロパティの簡略化

　これまでに解説したように一部のプロパティでは、**複数のプロパティをまとめて記述できます**。これをショートハンドプロパティといいます。

　前述のbackgroundプロパティ、borderプロパティ、paddingプロパティ、marginプロパティもショートハンドプロパティで、複数のプロパティをまとめて記述することができました。

　以下は、border-weight、border-style、border-colorの3つのプロパティをまとめて記述した例です。

記述例

```
セレクタ{
    border : 3px solid #ff0000 ;
}
```
太さ　スタイル　色

　プロパティで定義する値に上下左右それぞれで異なる値を定義したい場合は、4つの値を半角スペースで区切って記述します。この時値の順序は上から順に時計回りに、上、右、下、左と記述します。

　以下は、padding-top、padding-right、padding-bottom、padding-leftの4つのプロパティをまとめて記述した例です。

記述例

```
セレクタ{
    padding : 10px 20px 5px 30px ;
}
```
上　右　下　左

CHAPTER 10 背景やボーダーのスタイルの記述

ここの例では値を4つ指定しています。値の記述方法と余白の位置関係は以下のように
なります。

padding : 10px ;
値が1つの場合（すべての余白が10px）

padding : 10px 20px ;
値が2つの場合（上下10px、左右20px）

padding : 10px 20px 30px ;
値が3つの場合（上10px、左右20px、下30px）

padding : 10px 20px 30px 40px ;
値が4つの場合（上10px、右20px、下30px、左40px）

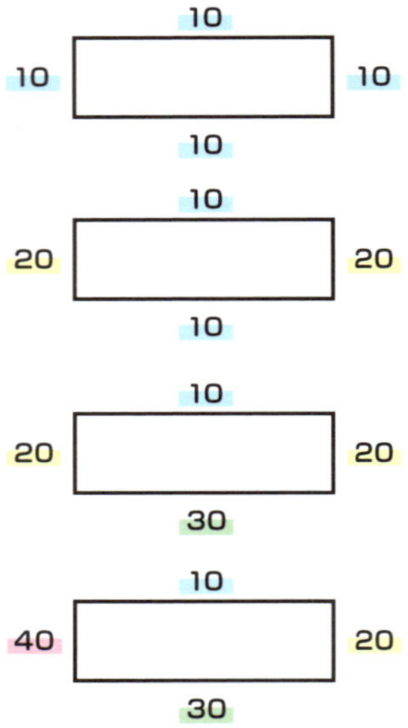

● 図10-7　値の記述と余白の位置関係

10-2-4 ▶ ボックスに関するスタイルの設定

これまでに解説したスタイルを使って、各要素にスタイルを定義します。スタイルはこ
れまでに作成した［style.css］ファイルに追加記述します。

1 マージンを設定する①

Bracketsのウィンドウに切り替え
ます。body要素はブラウザに表示
される要素全体を囲む要素です。ブ
ラウザが持つスタイルシートでは
body要素に対してmarginがあらか
じめ定義されています。ここでは
body要素の周辺にあるmarginを0
にするスタイルを入力します❶。

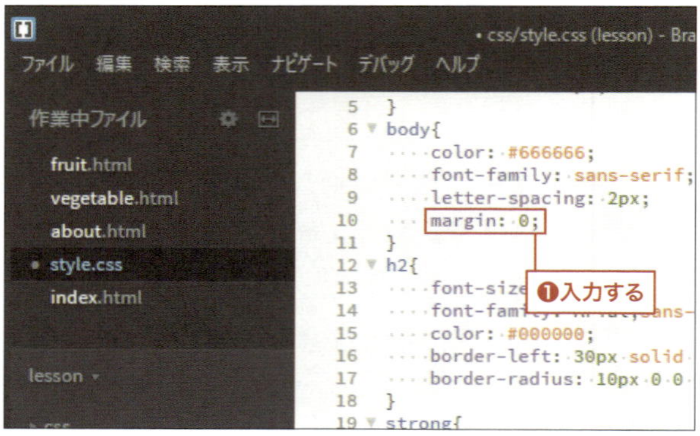

```
body{
    color : #666666 ;
    font-family : sans-serif ;
    letter-spacing : 2px ;
    margin : 0 ;
}
```

166

10-2 ボックスのスタイル

2 マージンを設定する②

h1要素などの周囲にも margin があらかじめ定義されているので、それを0にするスタイルを記述します①。このスタイルはbodyのスタイルの後に記述してください。

📖 メモ

スタイルは後から記述したものが優先されるというしくみがあるため、このスタイルはほかのスタイルよりも先に記述し、必要に応じて後からマージンに関するスタイルを記述して変更できるようにしています。

```
 5     }
 6 ▼ body{
 7    ····color:·#666666;
 8    ····font-family:·sans-serif;
 9    ····letter-spacing:·2px;
10    ····margin:·0;
11     }
12 ▼ h1{
13    ····margin:·0;                    ①入力する
14     }
15 ▼ h2{
16    ····font-size:·3rem;
17    ····font-family:·Arial,sans-serif;
18    ····color:·#000000;
19    ····border-left:·30px·solid·#d7301
20    ····border-radius:·10px·0·0·10px;
21     }
22 ▼ strong{
```

```
h1{
    margin : 0 ;
}
```

3 パディングを設定する

header要素、main要素、footer要素のコンテンツエリアの上下に30pxの、左右に0のパディングを設定するスタイルを入力します①。これによりボーダーとテキストの間に余白が定義されテキストも読みやすくなります。headerとfooterは既存のスタイルに追加記述を、mainは新たにスタイルを記述してください。

```
26 ▼ footer{
27    ····text-align:·right;
28    ····background-color:·#486b0b;
29    ····color:·#ffffff;
30    ····padding:·30px·0;              ①入力する
31     }
32 ▼ p{
33    ····line-height:·2;
34     }
35 ▼ header{
36    ····border-bottom:·5px·dotted·#d7301d;
37    ····padding:·30px·0;
38     }
39 ▼ main{
40    ····padding:·30px·0;
41     }
```

```
footer{
    text-align : right ;
    background : #486b0b ;
    color : #ffffff ;
    padding : 30px 0 ;
}
  :
header{
    border-bottom : 5px dotted #d7301d ;
    padding : 30px 0 ;
}
main{
    padding : 30px 0 ;
}
```

167

CHAPTER 10 背景やボーダーのスタイルの記述

4 パティングを設定する

h2要素の左側に設定したボーダーとテキストの間に余白を設けるため左にパディングを設定するスタイルを記述します❶。

```
14    }
15 ▼ h2{
16    ····font-size: 3rem;
17    ····font-family: Arial,sans-serif;
18    ····color: #000000;
19    ····border-left: 30px solid #d7301d;
20    ····border-radius: 10px 0 0 10px;
21    ····padding-left: 10px;
22    }
23 ▼ strong{
24    ····font-weight: normal;
25    ····color: #ee7600;
```
❶入力する

```
h2{
    font-size : 3rem ;
    font-family : Arial , sans-serif ;
    color : #000000;
    border-left : 30px solid #d7301d ;
    border-radius : 10px 0 0 10px ;
    padding-left : 10px ;
}
```

5 ボックスの横幅を設定する

header_box、main_box、footer_boxというclass名を定義した3つのdiv要素の横幅を1024pxに設定するスタイルを入力します❶。セレクタには3つのクラス名をグループ化して記述します。.と,が混在するので注意して記述してください。

```
39    }
40 ▼ main{
41    ····padding: 30px 0;
42    }
43 ▼ .header_box,.main_box,.footer_box{
44    ····width: 1024px;
45    }
46
47
48
```
❶入力する

```
.header_box , .main_box , .footer_box{
    width : 1024px ;
}
```

6 ボックスのマージンを設定する

ボックスの横幅が定義されたので、このボックスの位置を定義するスタイルを入力します❶。ボックスがブラウザの水平方向の中央に配置されるよう、左右のマージンをautoに、上下を0にするスタイルを追加記述します。入力が終わったらファイルを保存します。

```
39    }
40 ▼ main{
41    ····padding: 30px 0;
42    }
43 ▼ .header_box,.main_box,.footer_box{
44    ····width: 1024px;
45    ····margin: 0 auto;
46    }
47
48
49
```
❶入力する

```
.header_box , .main_box , .footer_box{
    width : 1024px ;
    margin : 0 auto ;
}
```

7 横幅の最小値を設定する

現在ヘッダーやフッター部分の要素は、webブラウザのウィンドウに合わせて変化します。ウインドウサイズを変化させてもヘッダーやフッターが正しく見えるようにするために横幅の最小値を設定するためのスタイルを入力します❶。

```
 6 ▼ body{
 7       color: #666666;
 8       font-family: sans-serif;
 9       letter-spacing: 2px;
10       margin: 0;
11       min-width: 1024px;   ❶入力する
12   }
```

```
body{
    color : #666666 ;
    font-family : sans-serif ;
    letter-spacing : 2px ;
    margin : 0 ;
    min-width : 1024px ;
}
```

8 ブラウザの表示を確認する

Google Chromeのウィンドウに切り替えます。記述したボックスに関するスタイルが反映されているか確認します。ブラウザウィンドウの横幅を広く表示し、ボックスがウィンドウの中央に表示されるか確認します。

横幅が1024pxになった

margin：autoで余白が自動算出されボックスが中央に表示された

コラム ☕

横幅の最小値について

min-widthとは横幅がこれ以上小さくならない値（最小値）を定義するプロパティです。ブラウザウインドウの横幅を縮めた場合、要素の横幅はそれに準じて小さくなります。その状態で横方向にスクロールをすると、ヘッダーやフッターの一部が切れて表示されてしまいます。そのためここではmin-widthプロパティを使いウィンドウサイズに変化があっても要素の横幅が確保できるように最小値を定義しています。

10-3 ほかのファイルの関連付け

これまでに作成したスタイルシートは、[index.html] ファイルにのみ関連付けているため、ほかの HTML ファイルにはまだスタイルが適用されていません。ここではほかの HTML ファイルに CSS ファイルを関連付ける方法について解説します。

10-3-1 ▶ CSS ファイルの関連付け

これまでに作成した CSS ファイルは、index.html に関連付けられているため、記述したスタイルはほかのファイルには反映されていません。fruvege の web サイトにある他のページにもスタイルが反映されるよう、ここでは記述済みの link 要素を使ってスタイルの関連付けを行います。

1 link 要素をコピーする

Brackets のウィンドウのサイドバーの作業中ファイルにある [index.html] をクリックします❶。記述済みの link 要素をクリックします❷。もう一度同じ場所で右クリック（macOS は control キー＋クリック）し❸、表示されたメニューから [コピー] をクリックします❹。

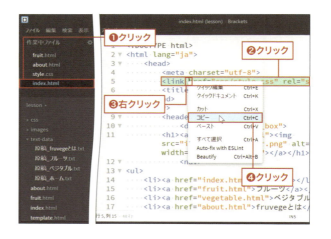

2 ファイルを開く

CSS ファイルを関連付ける HTML ファイルを開きます。サイドバーの作業中ファイルにある [fruit.html] をクリックします❶。

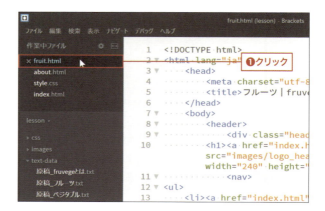

3 link要素を貼り付ける①

title要素の開始タグの先頭をクリックし❶、もう一度同じ場所で右クリック（macOSは control キー＋クリック）します❷。表示されたメニューから［ペースト］をクリックします❸。コピー済みのlink要素が貼り付けられました。確認できたらファイルを保存します。

4 link要素を貼り付ける②

作成済みの［vegetable.html］ファイル、［about.html］ファイルを順に開き、手順3と同様にlink要素をペーストしてください❶❷。link要素が貼り付けられたらすべてのファイルを保存します。

5 ブラウザの表示を確認する

Google Chromeのウィンドウに切り替えます。［フルーツ］や［fruvegeとは］のリンクをクリックして［fruit.html］ファイルや［about.html］ファイルのページへ移動します。すべてのページにスタイルが反映されているか確認します。

CHAPTER 10 背景やボーダーのスタイルの記述

練 習 問 題

問題1. CSSが関連付けられたHTMLファイルの中には、まだスタイルを記述していない要素があります。ここではh3要素に以下のスタイルを定義したいので、[style.css] ファイルに入力してください。なおこのスタイルは記述済みのh2のスタイルの後に記述してください。

・スタイルの記述にはタイプセレクタを使用して記述してください。

・フォントの太さを通常の太さに設定してください。

・要素の上にだけ太さ1px、実線、カラーが#a2be67のボーダーを設定してください。

・要素の下にだけ太さ5px、二重線、カラーが#a2be67のボーダーを設定してください。

・上下左右のパディングを5pxに設定してください。

・下のマージンを30pxに設定してください。

スタイルの記述が終わったらファイルを保存し、[fruit.html] ファイルや [vegetable.html] ファイルなどをブラウザで表示し、設定したスタイルを確認してください。

解答は 付録P.7

CHAPTER

11

見栄えを整える
スタイルの記述

HTML文書の構造はすでに要素を使って組み立てていますが、ここではそれらを使ってwebページ全体のレイアウトを整える方法について学びます。フレキシブルボックスレイアウトという方法を使えば、掲載されている情報に応じてwebブラウザの画面を複数に区分し、見やすくできるので便利です。

11-1	テーブルのスタイル	P.174
11-2	フレキシブルボックスレイアウトのスタイル	P.177
11-3	リストやナビゲーションのスタイル	P.183

CHAPTER 11 見栄えを整えるスタイルの記述

11-1 テーブルのスタイル

テーブルを構成する要素の周囲にはそれぞれボーダーを表示できます。ここではボーダーの表示に関するスタイルの定義方法について学びます。

11-1-1 ▷ テーブルに関するプロパティ

ここではテーブルの周囲のボーダーに関する表示方法を定義するプロパティの解説と具体的なスタイルの記述方法について説明します。

❖ border-collapseプロパティ

border-collapseプロパティはテーブル全体と各セルに付けたボーダーの表示方法を定義するプロパティです。border-collapseプロパティに設定できる値には、ボーダーを重ねて表示するcollapseや、ボーダーを分離して表示するseparateがあります。なおこのプロパティはtable要素に適用できます。

記述例

```
table{
    border-collapse : collapse ;
}
                    └─ ボーダーの表示方法
```

● 表11-1 　border-collapseプロパティの値の例

値の例	意味
collapse	ボーダーを重ねて表示
separate	ボーダーを分離して表示

11-1-2 ▷ テーブルにスタイルを設定する

これまでに解説したスタイルを使って、各要素にスタイルを定義します。スタイルはこれまでに作成した［style.css］ファイルに追加記述します。

174

11-1 テーブルのスタイル

1 セルのボーダーを設定する

Bracketsのウィンドウ[style.css]に切り替えます。th要素とtd要素にボーダーを設定するスタイルを入力します❶。セレクタはグループ化して記述し、ボーダーは1pxの太さの実線で緑系の色にします。

```
td , th{
    border : 1px solid #486b0b ;
}
```

2 セルのパディングを設定する

セルのボーダーと内容の間にパディングを設定するスタイルを先ほど記述したスタイルに追加入力します❶。余白は上下が5px、左右が30pxになるよう設定します。

```
td , th{
    border : 1px solid #486b0b ;
    padding : 5px 30px ;
}
```

3 テキストのカラーを変更する

th要素に記述されているテキストのカラーを設定するスタイルを入力します❶。ここではテキストのカラーを緑系の色にします。なおこのスタイルは先に記述したスタイルの後に記述します。

```
th{
    color : #486b0b ;
}
```

11 見栄えを整えるスタイルの記述

175

CHAPTER 11　見栄えを整えるスタイルの記述

4　ボーダーの表示方法を設定する

セルに設定したボーダーは分離して表示されています。ここではボーダーを分離せずに重ねて表示できるようにスタイルを入力します❶。

```
57      padding: 5px 30px;
58  }
59  th{
60      color: #486b0b;
61  }
62  table{
63      border-collapse: collapse;
64  }
65
```
❶入力する

```
table{
    border-collapse : collapse ;
}
```

5　マージンを設定する

テーブルと次の見出しの間にマージンを設定するスタイルを追加入力します❶。ここではテーブルの下に30pxの余白を設定します。入力が終わったらファイルを保存します。

```
59  th{
60      color: #486b0b;
61  }
62  table{
63      border-collapse: collapse;
64      margin-bottom: 30px;
65  }
66
67
```
❶入力する

```
table{
    border-collapse : collapse ;
    margin-bottom : 30px ;
}
```

6　ブラウザの表示を確認する

Google Chromeのウィンドウに切り替えます。［fruvegeとは］のリンクをクリックして、［about.html］ファイルを表示します。テーブルに設定したボーダーや余白など記述したスタイルが反映されているか確認します。

ボーダーが重なって表示された

文字の色が変更された

余白が設定された

11-2 フレキシブルボックスレイアウトのスタイル

ここでは、ページを段組にレイアウトする方法を解説します。フレキシブルボックスレイアウトを利用すると、段組レイアウトが簡単に行えます。

11-2-1 ▶ フレキシブルボックスレイアウトとは

フレキシブルボックスレイアウトとは、**要素により生成されるボックスを並列にレイアウトできるスタイルのこと**で、これを使うとブラウザの表示領域を2列や3列に分けて内容を表示する段組レイアウトが簡単に行えます。並列に配置されたボックスはそれらが収められる空間に応じてサイズを伸縮させたり、並び順を変えることができます。

フレキシブルボックスレイアウトを行うには、並列に配置したい要素を含む親要素に、後述のdisplay:flexというスタイルを定義します。これにより**フレックスコンテナボックス**とよばれるボックスが生成され、子要素はフレックスコンテナボックスの中で並列に配置されます。なお子要素により生成されるボックスを**フレックスアイテム**といいます。

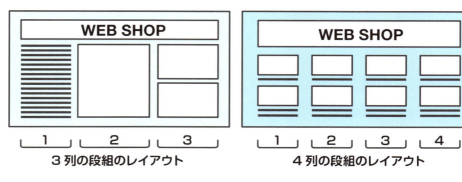

●図11-1 フレキシブルボックスレイアウト

> **メモ**
>
> ここで解説するフレキシブルボックスレイアウトのほかに、ボックスを並列に配置できるスタイルにはfloatプロパティを使ったものや、ボックスの表示形式をインラインにする方法などがあります。floatプロパティの設定は初心者の中には難しく感じる人もいましたが、CSS3から登場したフレキシブルボックスレイアウトを使うことでより簡単に段組レイアウトができるようになりました。

CHAPTER 11　見栄えを整えるスタイルの記述

11-2-2 ▷ フレキシブルボックスレイアウトに関するプロパティ

　ここではフレキシブルボックスレイアウトを行う際に使用する代表的なプロパティの解説と具体的なスタイルの記述方法について説明します。

❖ displayプロパティ

　displayプロパティは、要素の表示形式を設定するプロパティです。どのように表示するかは要素ごとにあらかじめ決められており、ほとんどの要素がブロックレベルボックスかインラインレベルボックスとして表示されます。

　ブロックレベルボックスでは要素の前後に改行が入ったひとかたまりの状態で表示され、幅や高さ、余白などが設定できるようになります。h1要素やp要素の初期状態での表示がこれにあたります。インラインレベルボックスでは前後の要素に並んで1行で表示され、幅や高さは要素の内容に応じたものとなります。img要素やstrong要素の初期状態での表示がこれにあたります。

　これらのほかに、設定できる値には、要素を横に並べた状態で、幅や高さなどが設定できるinline-blockや、要素を段組レイアウトのように並列に並べられるflexなどがあります。

💻 記述例

```
セレクタ{
    display : flex ;
}
              ‾‾‾‾
              表示形式
```

●表11-2　displayプロパティの値の例

値の例	意味
block	ブロックにする。高さや幅、余白が設定できるようになる
inline	インラインにする。横に並べて表示されるようになる
inline-block	インラインにする。高さや幅、余白が設定できるようになる
flex	段組レイアウトのようにする

❖ flex-wrapプロパティ

　flex-wrapプロパティはフレックスアイテムの配置方法を設定するプロパティです。flex-wrapプロパティに設定できる値には、wrapやnowrapなどがあります。flex-wrapプロパティはnowrapが初期値に設定されているためボックスは1行に並べて表示されます。複数行でボックスを表示するには値をwrapに設定します。

178

記述例

```
セレクタ{
    flex-wrap : wrap ;
}
```
アイテムの配置方法

● 表11-3　flex-wrapプロパティの値の例

値の例	意味
nowrap	ボックスを改行せず1行に並べて表示する
wrap	ボックスを改行して複数行に並べて表示する
wrap-reverse	最後のボックスから順に改行して複数行に並べて表示する

❖ justify-content プロパティ

　justify-content プロパティは横並びに配置されたフレックスアイテムのフレックスコンテナボックス内での横方向の配置を設定するプロパティです。justify-content プロパティに設定できる値にはボックスをフレックスコンテナボックスの先頭から詰めて配置するflex-start や、ボックスの中央に配置する center、ボックス全体に均等に配置する space-between などがあります。

記述例

```
セレクタ{
    justify-content : space-between ;
}
```
横方向の配置

● 表11-4　justify-contentプロパティの値の例

値の例	意味
flex-start	フレックスコンテナボックスの先頭から詰めて配置する
flex-end	フレックスコンテナボックスの末尾から詰めて配置する
center	フレックスコンテナボックスの中央に配置する
space-between	フレックスアイテムの間に余白を設けてフレックスコンテナボックス全体に均等に配置する
space-around	フレックスアイテムの左右に余白を設けてフレックスコンテナボックス全体に均等に配置する

❖ align-items プロパティ

　align-items プロパティは横並びに配置されたフレックスアイテムのフレックスコンテナボックス内での縦方向の配置を設定するプロパティです。align-items プロパティに設定できる値には、フレックスアイテムをフレックスコンテナボックスの縦方向の先頭に揃えるflex-start や、ボックスの中央を基準に揃える center、ボックスの縦方向の大きさをフレックスコンテナボックスの大きさに自動的に揃える stretch などがあります。

CHAPTER 11　見栄えを整えるスタイルの記述

記述例

```
セレクタ{
    align-items : flex-start ;
}
```
（flex-start＝縦方向の配置）

● 表11-5　align-itemsプロパティの値の例

値の例	意味
flex-start	フレックスコンテナボックスの縦方向の先頭から詰めて配置する
flex-end	フレックスコンテナボックスの縦方向の末尾から詰めて配置する
center	フレックスコンテナボックスの縦方向の中央に配置する
stretch	フレックスコンテナボックスの縦方向の大きさに自動的に揃える

11-2-3　フレキシブルボックスレイアウトに関するスタイルの設定

これまでに解説したスタイルを使って、各要素にスタイルを定義します。スタイルはこれまでに作成した［style.css］ファイルに追加入力します。ここでは主にフルーツやベジタブルのページに関するスタイルを記述します。

1　幅を設定する

Bracketsのウィンドウに切り替えます。フルーツやベジタブルのページにある画像と説明文を含むdiv要素の横幅を設定するスタイルを入力します❶。セレクタにはこのdiv要素のclass名itemを使用し、横幅を280pxに設定します。同じclass名を持つdiv要素にもスタイルが適用されます。

```
.item{
    width : 280px ;
}
```

2　下マージンを設定する

itemという名前のdiv要素とほかの要素の間にマージンを設定するスタイルを先ほどのスタイルに追加入力します❶。ここではdiv要素の下方向に30pxの余白を設定します。

```
.item{
    width : 280px ;
    margin-bottom : 30px ;
}
```

11-2 フレキシブルボックスレイアウトのスタイル

3　フレキシブルボックスとして表示する

itemという名前のdiv要素を並列に表示するスタイルを入力します❶。ここではitemという名前のdiv要素の親要素であるitem_boxという名前のdiv要素の表示形式をflexに設定します。セレクタには親要素のclass名item_boxを使用します。

```
62 ▼ table{
63  ····border-collapse: collapse;
64  ····margin-bottom: 30px;
65  }
66 ▼ .item{
67  ····width: 280px;
68  ····margin-bottom: 30px;
69  }
70 ▼ .item_box{
71  ····display: flex;
72  }
73
74
75
```

❶入力する

```
.item_box{
    display : flex ;
}
```

4　複数行にボックスを配置する

div要素が並列に表示されました。ここではフレックスアイテムの配置方法を変更するスタイルを追加入力します❶。フレックスアイテムの横幅は現在280pxに設定されており、それを含む親要素（item_box）の横幅は1024pxに設定されています。フレックスアイテムの横幅の合計がフレックスコンテナボックスより大きなサイズになる場合は改行して次の行に表示できるようボックスの表示方法を設定します。

```
62 ▼ table{
63  ····border-collapse: collapse;
64  ····margin-bottom: 30px;
65  }
66 ▼ .item{
67  ····width: 280px;
68  ····margin-bottom: 30px;
69  }
70 ▼ .item_box{
71  ····display: flex;
72  ····flex-wrap: wrap;
73  }
74
75
76
77
78
79
80
81
82
83
84
85
86
87
```

❶入力する

```
.item_box{
    display : flex ;
    flex-wrap : wrap ;
}
```

📖 メモ

item_boxという名前のdiv要素には横幅を指定するスタイルを記述していませんが、item_boxの親要素であるmain_boxの横幅が1024pxなので、item_boxの横幅は親要素と同じ幅になります。

11　見栄えを整えるスタイルの記述

5 ボックスの詰め方を設定する

フレックスコンテナボックスの中に表示されているフレックスアイテムは、左端を先頭として横方向に配置されています。ここでは、フレックスコンテナボックス全体にフレックスアイテムが均等に表示されるようにスタイルを追加入力します❶。

```
69  }
70  .item_box{
71      display: flex;
72      flex-wrap: wrap;
73      justify-content: space-between;
74  }
75
```

❶入力する

```
.item_box{
    display : flex ;
    flex-wrap : wrap ;
    justify-content : space-between ;
}
```

6 画像の角を丸くする

商品が写っている画像のみ角を丸く表示するスタイルを入力します❶。画像を特定するために子孫セレクタを使ってスタイルを記述します。ここではitemという名前のdiv要素内にあるimg要素のみが対象となるようセレクタを記述し、画像の角が丸くなるように設定します。入力が終わったらファイルを保存します。

```
70  .item_box{
71      display: flex;
72      flex-wrap: wrap;
73      justify-content: space-between;
74  }
75  .item img{
76      border-radius: 30%;
77  }
78
79
80
```

❶入力する

```
.item img{
    border-radius : 30% ;
}
```

7 ブラウザの表示を確認する

Google Chromeのウィンドウに切り替えます。[フルーツ]や[ベジタブル]のリンクをクリックして、[fruit.html]ファイルや[vegetable.html]ファイルを表示します。商品が3段組のレイアウトで表示され、画像の角が丸くなっているなど記述したスタイルが反映されているか確認します。なお、ここでは3つの商品がきれいに並ぶスタイルを記述しています。商品の数が異なる場合はスタイルの記述に工夫が必要です。

横方向に商品が並んでいる

角が丸くなっている

11-3 リストやナビゲーションのスタイル

11-3 リストやナビゲーションのスタイル

webサイトのナビゲーションはリストを利用して作ることがあります。ここではリストやナビゲーションに関するスタイルの定義方法について学びます。

11-3-1 ≫ リストに関するプロパティ

ここではリストの先頭に表示されるマーカーのスタイルを定義するプロパティの解説と具体的なスタイルの記述方法について説明します。

❖ list-style-typeプロパティ

list-style-typeプロパティはリストの先頭に表示されるマーカーのスタイルを定義するプロパティで、子要素に継承されます。list-style-typeプロパティに設定できる値には、disc（黒丸）やcircle（白丸）、none（マークなし）などがあります。

記述例

```
セレクタ{
    list-style-type ： circle ；
}
                      ┘
              マーカーのスタイル
```

● 表11-6　list-style-typeプロパティの値の例

値の例	意味
circle	リストの先頭に白丸のマーカーを表示する
square	リストの先頭に四角形のマーカーを表示する
none	リストの先頭にマーカーを表示しない

11-3-2 ≫ ナビゲーションに関するスタイル

HTMLでa要素を使って設定した**リンクは、その状態に応じてスタイルを書き分けることができます**。リンクの状態に応じたスタイルを記述するには疑似クラスとよばれるキーワードを使います。要素のいろいろな状態に応じてスタイルが定義できるように疑似クラスにはたくさんのものが用意されていますが、ここでは以下に示すリンクに関連した疑似クラスについて解説します。疑似クラスを記述する時は要素名のaと疑似クラスの種類を

：（コロン）でつないだものをセレクタに記述します。

疑似クラスについてはP.124を参照してください。

```
a:hover{
    color : red ;
}
```
疑似クラス

● 表11-7　リンクに関連した疑似クラス

疑似クラスセレクタの例	スタイルの適用先
a:link	未訪問のリンクにスタイルを定義する
a:hover	リンク先にカーソルが重なった時のスタイルを定義する
a:active	リンク先をクリックした時のスタイルを定義する
a:visited	訪問済みのリンクにスタイルを定義する

11-3-3　トランジションに関するプロパティ

ここでは状態の変化に関するプロパティの解説と具体的なスタイルの記述方法について説明します。

❖ transition-durationプロパティ

transition-durationプロパティは変化にかかる時間を指定するプロパティで、子要素に継承されません。このプロパティを使うと前述の疑似クラスを使用してリンクのスタイルを指定したような場合、プロパティの変化にかかる時間が指定できます。

transition-durationプロパティに設定には数値に時間をあらわす単位を付けて指定します。

```
セレクタ{
    transition-duration : 1s ;
}
```
かかる時間

● 表11-8　transition-durationプロパティの値の例

値の例	意味
1s	変化に1秒かける
100ms	変化に100ミリ秒（ミリ秒=1/1,000秒）かける

11-3-4 ▷ リストとナビゲーションに関するスタイルの設定

これまでに解説したスタイルを使って、各要素にスタイルを定義します。スタイルはこれまでに作成した［style.css］ファイルに追加記述します。

1 リストのスタイルを設定する

ul要素で設定したリストの先頭に表示されるマーカーに関するスタイルを入力します❶。ここではマーカーを非表示にするスタイルを設定します。

```
77  }
78 ▼ ul{
79  ··· list-style-type: none;    ❶入力する
80  }
81
```

```
ul{
    list-style-type : none ;
}
```

2 デフォルトのパディングをなくす

ul要素の内容をブラウザで表示すると、左側に余白が設定された状態で表示されます。ここではul要素のパディングを0に設定するスタイルを追加入力します❶。

```
77  }
78 ▼ ul{
79  ··· list-style-type: none;
80  ··· padding: 0;    ❶入力する
81  }
82
```

```
ul{
    list-style-type : none ;
    padding : 0 ;
}
```

3 フレキシブルボックスとして表示する

ul要素に含まれるli要素の内容を並列に配置するスタイルを追加入力します❶。ここではli要素の親要素にあたるul要素の表示形式をflexに設定します。

```
79  ··· list-style-type: none;
80  ··· padding: 0;
81  ··· display: flex;    ❶入力する
82  }
```

```
ul{
    list-style-type : none ;
    padding : 0 ;
    display : flex ;
}
```

4 幅を設定する

親要素であるul要素が構成するフレックスコンテナボックスは、現在親要素と同じサイズに設定されています。ここではul要素の横幅を600pxに設定するスタイルを追加入力します❶。

```
78 ▼ ul{
79  ··· list-style-type: none;
80  ··· padding: 0;
81  ··· display: flex;
82  ··· width: 600px;    ❶入力する
83  }
84
85
```

```
ul{
    list-style-type : none ;
    padding : 0 ;
    display : flex ;
    width : 600px ;
}
```

CHAPTER 11 見栄えを整えるスタイルの記述

5 ボックスの詰め方を設定する

li要素の横方向の配置を設定するスタイルを追加入力します❶。フレックスアイテムがフレックスコンテナボックス内に均等に配置されるように配置方法をspace-betweenに設定します。

```
78 ▼ ul{
79      list-style-type: none;
80      padding: 0;
81      display: flex;
82      width: 600px;
83      justify-content: space-between;      ❶入力する
84   }
```

```
ul{
    list-style-type : none ;
    padding : 0 ;
    display : flex ;
    width : 600px ;
    justify-content : space-between ;
}
```

6 ブラウザの表示を確認する

Google Chromeのウィンドウに切り替えます。リンクの各項目が並列に並び、指定した横幅内で均等に配置されているか確認します。

並列に表示された
均等に配置された
paddingがなくなった

7 ロゴとナビゲーションを横並びに配置する

現在ナビゲーションはロゴの下に表示されていますが、ロゴとナビゲーションが並列になるようにスタイルを入力します❶。ロゴとナビゲーションの親要素であるheader_boxという名前のdiv要素にフレキシブルボックスレイアウトのスタイルを設定します。

```
81      display: flex;
82      width: 600px;
83      justify-content: space-between;
84   }
85 ▼ .header_box{
86      display: flex;
87      justify-content: space-between;
88   }                                      ❶入力する
89
```

```
.header_box {
    display : flex ;
    justify-content : space-between ;
}
```

8 縦方向の配置を設定する

フレックスコンテナボックス内に配置されたロゴとリンクの縦方向の配置を設定するスタイルを追加入力します❶。ここでは縦方向の中央に配置できるようにスタイルを設定します。

```
84   }
85 ▼ .header_box{
86      display: flex;
87      justify-content: space-between;
88      align-items: center;               ❶入力する
89   }
90
91
```

```
.header_box {
    display : flex ;
    justify-content : space-between ;
    align-items : center ;
}
```

186

9 ブラウザの表示を確認する

Google Chromeのウィンドウに切り替えます。先ほどまで2行で表示されていたロゴとナビゲーションが並列に配置されていることを確認します。

ロゴとナビゲーションが横並びになった

10 リンクのスタイルを設定する

リンクが設定されているテキストのカラーや装飾に関するスタイルを入力します❶。ここでは未訪問のリンクのテキストカラーを黒にし、現在表示されている下線をなしに設定します。なおリンクの場所を特定するために子孫セレクタを使いul要素内にあるa要素にのみスタイルが適用されるようにします。さらにa要素の特定の状態を示すために疑似クラスを設定します。

```
85 ▼ .header_box{
86      display: flex;
87      justify-content: space-between;
88      align-items: center;
89  }
90 ▼ ul a:link{
91      color: #000000;
92      text-decoration: none;
93      padding: 10px;
94  }
95
96
97
98
99
```

❶入力する

```
ul a:link{
    color : #000000 ;
    text-decoration : none ;
    padding : 10px ;
}
```

11 訪問済みのスタイルを設定する

すでにクリックしたことがあるリンクのスタイルを入力します❶。ここでは訪問済みのリンクのテキストカラーが黒になるように設定します。なおセレクタは先ほど同様に子孫セレクタを使い、疑似クラスを設定します。入力が終わったらファイルを保存します。

```
85 ▼ .header_box{
86      display: flex;
87      justify-content: space-between;
88      align-items: center;
89  }
90 ▼ ul a:link{
91      color: #000000;
92      text-decoration: none;
93      padding: 10px;
94  }
95 ▼ ul a:visited{
96      color: #000000;
97      padding: 10px;
98  }
99
100
```

❶入力する

```
ul a:visited{
    color : #000000 ;
    padding : 10px ;
}
```

CHAPTER 11　見栄えを整えるスタイルの記述

12　マウスが重なった時のスタイルを設定する

リンクにマウスが重なった時のスタイルを入力します❶。ここではリンク先にカーソルが重なった時のテキストカラーを白に、背景は緑系の色に、背景の角が丸くなるように設定します。なおセレクタは先ほど同様に子孫セレクタを使い、疑似クラスを設定します。

```
ul a:hover{
    color : #ffffff ;
    padding : 10px ;
    background-color : #486b0b ;
    border-radius : 50% ;
}
```

13　変化にかかる時間を指定する

リンクに設定したスタイルの変化にかける時間を入力します❶。ここでは子孫セレクタを使いul要素内にあるa要素に対してスタイルを記述します。スタイルは1秒かけて変化するように設定します。入力が終わったらファイルを保存します。

```
ul a{
    transition-duration : 1s ;
}
```

14　ブラウザの表示を確認する

Google Chromeのウィンドウに切り替えます。リンクの状態に応じてスタイルが変更されるか確認します❶。これでこのwebサイトのスタイル設定がすべて終了しました。すべてのページに不具合がないかどうか確認してください。

> **メモ**
>
> 完成したファイルをインターネットに公開する方法はCD-ROMのuploadフォルダーにあるupload.pdfで解説しています。必要に応じて参照してください。

練 習 問 題

問題1. table要素に設定したボーダーを重ねて表示するにはどのようにスタイルを記述するか答えてください。

問題2. 以下の要素で、ホーム、プロダクト、アバウトの3つをフレキシブルボックスレイアウトを使って並列に配置するにはどのようにスタイルを記述しますか？

要素の例
<ul>
<li>ホーム</li>
<li>プロダクト</li>
<li>アバウト</li>
</ul>

問題3. リンクの状態に応じてスタイルを記述するにはどのようにセレクタを記述しますか？　以下の状態に使用するセレクタを答えてください。

①未訪問のリンクにスタイルを定義するセレクタ

②リンク先にカーソルが重なった時のスタイルを定義するセレクタ

③リンク先をクリックした時のスタイルを定義するセレクタ

④訪問済みのリンクにスタイルを定義するセレクタ

解答は **付録P.8**

INDEX 索引

索引

記号・数字

;	121
:	121
:active	124, 184
:hover	124, 184
:link	124, 184
:visited	124, 184
::after	125
::before	125
::first-letter	125
::first-line	125
.	123
[ ]	122
{ }	121
@charset	128
@規則	128
*	122
# (色の指定)	147
# (セレクタ)	123
16進数	145, 147

A-F

a要素	74
align-items プロパティ	179
alt属性	69
article要素	85
aside要素	86
background プロパティ	159
background-color プロパティ	156
background-image プロパティ	156
background-position プロパティ	157
background-repeat プロパティ	157
background-size プロパティ	158
body要素	43
border属性	108, 111
border プロパティ	154

border-bottom プロパティ	154
border-collapse プロパティ	174
border-color プロパティ	153
border-left プロパティ	154
border-radius プロパティ	154
border-right プロパティ	154
border-style プロパティ	153
border-top プロパティ	154
border-width プロパティ	152
box-shadow プロパティ	159
br要素	60
Brackets	14, 16, 31
class セレクタ	123
class属性	90, 123
color プロパティ	145
controls属性	112
CSS	14, 118
display プロパティ	178
div要素	86
DOCTYPE宣言	30, 42
em (単位)	136
em要素	61
ex	136
flex-wrap プロパティ	178
font-family プロパティ	137
font-size プロパティ	136
font-style プロパティ	138
font-weight プロパティ	137
footer要素	85

G-N

GIF	68
h1 (h2,h3,h4,h5,h6)	55
head要素	30, 43
header要素	84
height属性	69
height プロパティ	164
href属性	74, 76, 78
HTML	10, 30
html要素	30, 43

idセレクタ	123
id属性	90, 123
iframe要素	115
img要素	69, 73
JPEG	68
justify-content プロパティ	179
letter-spacing プロパティ	142
li要素	57
line-height プロパティ	143
link要素	130
main要素	86
margin プロパティ	163
meta要素	43
min-width	169
nav要素	84

O-R

ol要素	57
opacity プロパティ	145
p要素	59
padding プロパティ	163
PNG	68
px	69, 136
rel属性	130
rem	136
RGB	145, 147
RGBA	147, 156

S-W

sans-serif	137, 140
section要素	85, 104
serif	137
SFTP	15
small要素	63
src属性	69
strong要素	61
style要素	118
SVG	68
table要素	108
td要素	108
text-align プロパティ	141

190

text-decoration プロパティ
....141
th 要素 108
title 要素 44
tr 要素 108
ul 要素 57
URL 69, 78
video 要素 112
web サーバー 13, 15
web サイト 10
web ブラウザ 10, 15
web ページ 10
width 属性 69
width プロパティ 164

あ行

アスタリスク 122
値 121
入れ子構造 62
インデント 23, 41, 46
インラインレベルボックス 178
親子関係 62

か行

改行 46, 54, 60
開始タグ 31, 44
拡張子 33, 35
拡張色 146
画像 69
カテゴリー 91
角括弧 122
空要素 61
カレントディレクトリ 79
カンプ 13
キービジュアル 69
疑似クラス 124
疑似要素 125
基本色 146
コードヒント 36, 40
コピー 53, 99
コメント 46, 65
コロン 121
コンテンツエリア 162
コンテンツ・モデル 93

さ行

サイトマップ 12
子孫セレクタ 125
終了タグ 31, 44
ショートハンドプロパティ 165
スタイルシート 118
すべて選択 52
絶対パス 77
セミコロン 121
セル 108
セレクタ 120
セレクタのグループ化 126
宣言 (CSS) 121
相対パス 77
ソースコード 11, 30
属性 46
属性セレクタ 122

た行

代替テキスト 69
タイプセレクタ 122
タグ 11, 31, 44
縦線 101
ダブルクォーテーション
....38, 47, 73, 76
段落 59
著作権 63
ツリー構造 30
ディレクトリ 74, 78
テーブル 108
テキストエディタ 14
テンプレート 96
登録商標 64

な行

ナビゲーション 74, 84
波括弧 121
ネスト構造 62

は行

バーティカルバー 101
ハイパーリンク 10, 74
パス 76, 130
パディングエリア 162
貼り付け 53, 100

ピクセル 69
ビデオ 112
ひな形 96
表 108
ファイル転送ソフトウェア 15
フォント 136
フッター 85
フレキシブルボックスレイアウト
....177
フレックスアイテム 177
フレックスコンテナボックス
....177
プロジェクト 32
ブロックレベルボックス 178
プロパティ 121
プロパティの簡略化 165
文書型宣言 42
ペースト 53, 100
ヘッダー 84
ボーダーエリア 163
ボックス 162
ボックスモデル 162

ま行

マージンエリア 163
見出し 55
メールアドレス 81
文字参照 64

や行

ユニバーサルセレクタ 122
要素 30, 31, 44

ら行

ライブプレビュー 24, 48
リスト 57
リンク 10, 74

■ 著者紹介

太木 裕子（おおき ひろこ）

京都造形芸術大学　准教授

1989年よりトレーナーとして活動。様々なコースのトレーナーをつとめつつ、ライターとしてOSやアプリケーションの解説本を多数執筆する。現在は京都造形芸術大学でグラフィックデザインやUIデザイン、色彩学などの研究を行なっている。

デザイン・装丁●吉村朋子
レイアウト　　●リンクアップ
編集　　　　　●矢野俊博

■ サポートページ

本書の内容について、弊社webサイトでサポート情報を公開しています。
https://book.gihyo.jp/2017/978-4-7741-9371-7/support/

ゼロからわかる
HTML & CSS 超入門
[HTML5 & CSS3対応版]

2017年12月　6日　初版　第1刷発行
2022年　4月21日　初版　第2刷発行

著　者　　太木裕子
発行者　　片岡　巌
発行所　　株式会社技術評論社
　　　　　東京都新宿区市谷左内町21-13
　　　　　電話　03-3513-6150　販売促進部
　　　　　　　　03-3513-6160　書籍編集部
製本／印刷　図書印刷株式会社

定価はカバーに印刷してあります

本書の一部または全部を著作権法の定める範囲を超えて、無断で複写、転載、テープ化、ファイル化することを禁止します。

©2017　太木裕子

造本には細心の注意を払っておりますが、万一、乱丁（ページの乱れ）や落丁（ページの抜け）がございましたら、小社販売促進部までお送りください。送料小社負担にてお取り替えいたします。

ISBN978-4-7741-9371-7　C3055
Printed in Japan

■ お問い合わせについて

ご質問は本書の記載内容に関するものに限定させていただきます。本書の内容と関係のない事項、個別のケースへの対応、プログラムの改造や改良などに関するご質問には一切お答えできません。なお、電話でのご質問は受け付けておりませんので、FAX・書面・弊社webサイトの質問用フォームのいずれかをご利用ください。ご質問の際には書名・該当ページ・返信先・ご質問内容を明記していただくようお願いします。
ご質問にはできる限り迅速に回答するよう努力しておりますが、内容によっては回答までに日数を要する場合があります。回答の期日や時間を指定しても、ご希望に沿えるとは限りませんので、あらかじめご了承ください。

● 問い合わせ先

〒162-0846　東京都新宿区市谷左内町21-13
株式会社技術評論社
「ゼロからわかる　HTML & CSS 超入門　[HTML5 & CSS3対応版]」質問係
FAX番号　03-3513-6167

なお、ご質問の際に記載いただいた個人情報は、ご質問の返答以外の目的には使用いたしません。また、返答後は速やかに破棄させていただきます。

解答集

▶ この解答は、各章の練習問題の解答です。
▶ 薄く糊付けしてありますが、本書より取り外して使用することもできます。

CHAPTER 1 練習問題 　　P.28

問題.1
【答え】 webページ

問題.2
【答え】 HTML

問題.3
【答え】 テキストエディタ（Brackets　TeraPad　mi）、ホームページ制作支援ソフトウェア（Dreamweaver　ホームページビルダー）など

問題.4
【答え】 Microsoft Edge、Internet Explorer、Safari、Mozilla Firefox、Google Chrome、Operaなど

CHAPTER 2 練習問題 　　P.50

問題.1
【答え】 html要素

問題.2
【答え】 meta要素

問題.3
【答え】 body要素

問題.4
【答え】 開始タグと終了タグ

CHAPTER 3　練習問題　P.66

問題.1
答え
①h1 h2 h3 h4 h5 h6
②ul
③ol
④li
⑤p
⑥br
⑦strong
⑧small

問題.2
①<p>今日出された課題は<strong>1週間後の5月10日まで</strong>に提出をしてください。</p>

問題.3
答え　空要素　br要素やmeta要素

CHAPTER 4　練習問題　P.82

問題.1
答え
①img
②img/flower.jpg
③img
④img/photo/cake.jpg
⑤href
⑥news.html
⑦href
⑧contact/contact.html

> CHAPTER 5　練習問題　　　　　　　　　　　P.94 <

問題.1
答え　header 要素

問題.2
答え　nav 要素

問題.3
答え　footer 要素

問題.4
答え　section 要素

問題.5
答え　div 要素

問題.6
答え　id 属性、class 属性

CHAPTER 6　練習問題　P.106

問題.1

① <h2>freash seasonal vegetables</h2>
② <h3>ミニトマト
tomato</h3>
③ <h3>パプリカ
paprika</h3>
④ <h3>万願寺とうがらし
manganji pepper</h3>

問題.2

① <img src="images/v01.png" alt="ミニトマト" width="280" height="280">
② <img src="images/v02.png" alt="パプリカ" width="280" height="280">
③ <img src="images/v03.png" alt="万願寺とうがらし" width="280" height="280">

問題.3

CHAPTER 7　練習問題　P.116

問題.1

答え

```
<table>
<tr>
<th>名称</th>
<td>fruvege株式会社</td>
</tr>
<tr>
<th>住所</th>
<td>東京都新宿区中新宿1-2-3</td>
</tr>
<tr>
<th>電話</th>
<td>03-1111-2222</td>
</tr>
<tr>
<th>創立</th>
<td>2007年4月</td>
</tr>
<tr>
<th>資本金</th>
<td>500万円</td>
</tr>
<tr>
<th>営業時間</th>
<td>11時から19時まで</td>
</tr>
<tr>
<th>メールでのお問い合わせ</th>
<td>fruvege_info@fruvege.com</td>
</tr>
</table>
```

―― 追加のコード

問題.2

答え

about fruvege

fruvege情報

名称	fruvege株式会社
住所	東京都新宿区中新宿1-2-3
電話	03-1111-2222
創立	2007年4月
資本金	500万円
営業時間	11時から19時まで
メールでのお問い合わせ	fruvege_info@fruvege.com

fruvegeCM

CHAPTER 8　練習問題　　　P.134

問題.1

答え
①c
②b
③a
④f
⑤e

問題.2

答え
①(d)
②(a)
③(c)
④(b)
⑤(e)
⑥(g)
⑦(f)
⑧(h)

問題.3

答え　link要素

CHAPTER 9　練習問題　　　P.150

問題.1

答え
①font-size
②font-family
③font-weight
④text-align
⑤text-decoration
⑥letter-spacing
⑦line-height
⑧color
⑨opacity

CHAPTER 10 練習問題   P.172

問題.1

答え

```
h3{
font-weight: normal;
border-top : 1px solid #a2be67;
border-bottom : 5px double #a2be67;
padding : 5px;
margin-bottom : 30px;
}
```

> CHAPTER 11 練習問題　　　　P.189 <

問題.1
答え

```
table{
border-collapse : collapse ;
}
```

問題.2
答え

```
ul{
display : flex ;
}
```

問題.3
答え　① 　a:link

② 　a:hover

③ 　a:active

④ 　a:visited